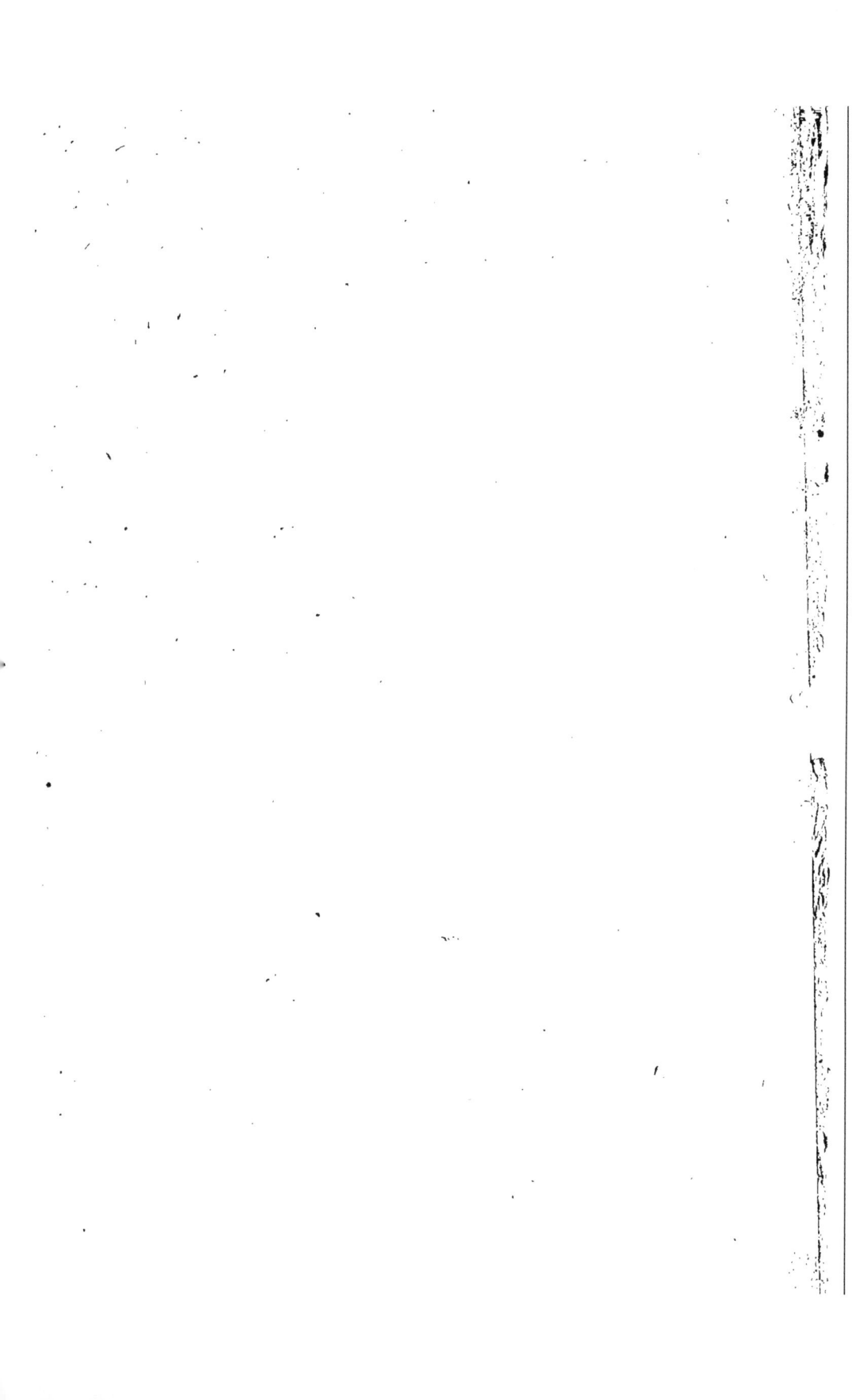

V 2693
II:1.

DISCUSSION
NOUVELLE
DES CHANGEMENS FAITS
DANS L'ARTILLERIE
DEPUIS 1765.

DISCUSSION
NOUVELLE
DES CHANGEMENS FAITS
DANS L'ARTILLERIE
DEPUIS 1765.

PAR M. DU COUDRAY,

Chef de Brigade au Corps de l'Artillerie;

EN RÉPONSE

A M. DE SAINT-AUBAN,

Infpecteur-Général au même Corps.

A LONDRES,

M. DCC., LXXVI.

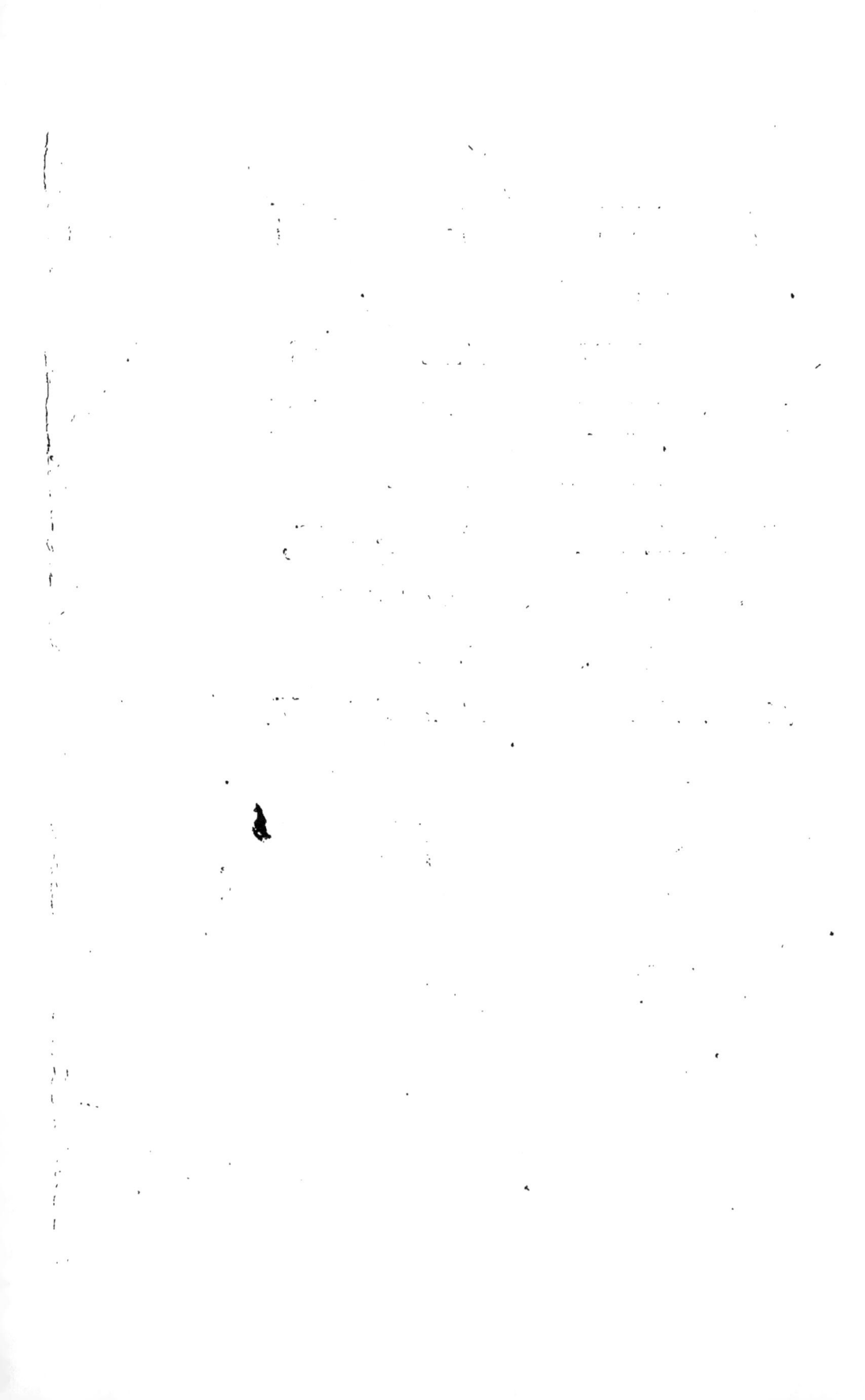

AVANT-PROPOS

CONTENANT *une notice des Ouvrages principaux, publiés contre le Nouveau Syftéme d'Artillerie, depuis la décifion de Meffieurs les Maréchaux de France, par M. de St. Auban, ou avec fon fuffrage.*

DEPUIS environ deux ans, voilà le troifième Ouvrage, qu'à la faveur d'une liberté d'impreffion exclufive, M. de Saint-Auban publie, ou autorife qu'on publie, contre le Nouveau Syftême d'Artillerie, depuis qu'un Comité de quatre Maréchaux de France, affemblé par ordre du Roi pour faire l'examen de ce Syftéme, a prononcé en fa faveur.

Le premier de ces Ouvrages a pour titre :
» *Collection de Mémoires autentiques, qui ont*
» *été préfentés à M M. les Maréchaux de*
» *France, affemblés en comité pour donner*
» *leur avis fur les opinions différentes de*
» *M M. de Gribeauval & de St. Auban, au*
» *fujet de l'Artillerie.* »

Les fauffetés, les injures fans nombre,

A

que, fans daigner même y mêler le moindre raifonnement pour les colorer, l'Editeur de cette *Collection* avait accumulées dans fa longue préface contre moi, & contre les Ouvrages que j'avais publiés pour la défenfe du Nouveau Syftême d'Artillerie, me donnaient affurément bien le droit de relever fa prétendue *autenticité*, & d'avertir le public, devant qui on traduifait une difcuffion qui venait d'être jugée par des Maréchaux de France, qu'aux Mémoires qui leur avaient été réellement préfentés par MM. de Valliere & de Gribeauval, & qui avaient uniquement fait la matière de cette difcuffion, on en joignait un de M. de St. Auban, dont il n'avait été pas plus queftion que de fon *opinion*.

Il m'eût été facile de faire voir que ce Mémoire, n'ayant aucun titre pour paraître légitimement dans cette *Collection*, annoncée comme *autentique*, il ne s'y trouvait que pour attaquer la décifion de MM. les Maréchaux & fur-toùt pour donner à M. de St. Auban l'air d'avoir été *mis dans la balance avec M. de Gribeauval*, comme le dit fon Editeur, page 5 de la préface, où il place dans la main de M. de Valliere cette balance qui a fervi à pefer M. de Valliere lui-même.

Il n'eft perfonne qui ne fente avec quels avantages, au moins de circonftances, je pouvais défendre contre M. de St. Auban & fon Editeur, une caufe qui était *néceffairement* devenue celle de l'Autorité , quelque fût l'opinion de ceux qui fe trouvaient alors Dé-pofitaires de cette Autorité. Mais j'ai penfé, qu'après une difcuffion auffi folemnelle, où les Chefs des deux partis avaient combattu avec tout ce qui pouvoit donner quelque poids à leur opinion , il n'y avoit plus rien à dire pour leurs fubalternes , de quelques grades qu'ils fuffent; & j'ai gardé un filence que me diétaient à la fois le mépris des inju-res & une foumiffion pour l'Autorité, dont l'âge de M. de St. Auban & fon rang dans l'armée, lui impofaient le devoir bien plus particulièrement qu'à moi.

Le fecond Ouvrage publié contre le Nou-veau Syftéme d'Artillerie , par M. de Saint-Auban, eft celui qui a paru l'été dernier fous le titre d'*Obfervations & Expériences fur l'Artillerie.*

C'eft auffi une *Colleétion* ; mais qui, fans l'annoncer par fon titre, eft du moins plus *autentique* que la précédente. Car c'eft le re-cueil très-fidele de ce qui a été publié , tant de la part de M. de St. Auban, que de celle de M. le Chev. d'Arcy , il y a environ vingt-cinq ans, dans les Mercures, au fujet de quel-

(4)

ques Théories de cet Académicien fur la
poudre & fur les bouches à feu. La fidélité de
ce recueil, préfenté par M. de Saint-Auban
lui-même, eft affurément bien louable, quand
on voit M. d'Arcy fe plaindre à tout moment, & prouver d'une maniere toujours
complette, que M. de St. A. le contredit
fans entendre, ni lui, ni le fujet.

Dans la néceffité de faire des livres contre
moi, & fur-tout contre le Nouveau Syftême
d'Artillerie, à qui M. de St. A. en veut bien
plus qu'à moi, il n'était fans doute pas pof-
fible d'en faire à de moindres frais.

Mais pour jetter un peu de variété dans la
maniere d'attaquer ce Syftême & fon défenfeur, ce n'a plus été dans la Préface, mais
dans un *Poft-fcriptum*, à la vérité plus long
que la plus longue Préface, que l'Editeur de
M. de St. A. a pour cette fois raffemblé fes
fauffetés & fes injures.

Les mêmes motifs qui m'avaient engagé
à garder le filence fur la premiere *Collection*,
fubfiftant pour celle-ci, je n'ai encore fait
aucune réponfe.

Je m'étais préparé au même filence fur la
Lettre de M. de St. Auban à M. de Mezeroi,
qui devait paraître auffi l'été dernier, dans
le Journal de Phyfique de M. l'Abbé Rofier;

mais qui, par des circonstances particulieres, ayant souffert, *après l'impreffion*, quelques difficultés pour la *publication*, est restée dans un petit nombre de mains, chargées de la faire *suffisamment* circuler, jusqu'à ce qu'elle fût refondue dans l'ouvrage auquel je vais répondre, & pour la publication duquel M. de St. A. avait déja obtenu la permiffion de M. le Maréchal du Muy, Miniftre de la Guerre, qui pour le bien de la paix m'avait recommandé, & fait recommander, le filence le plus abfolu.

Mais après des preuves d'une modération auffi foutenue, d'une obéiffance auffi complette, outragé, comme je le fuis, fur les chofes de l'honneur, je ne crois pas que les perfonnes qui feraient les plus favorables à M. de St. Auban, ou plutôt qui le feraient le moins à la caufe dont je me fuis rendu le défenfeur, je ne crois pas que M. de St. A. lui-même, ofe me blâmer de répondre à une attaque que, depuis la décifion de MM. les Maréchaux, je puis regarder comme la quatrième où il a part; & cela, fans compter des articles de Gazettes & de Journaux, une multitude de petites feuilles volantes, de libelles non avoués & diftribués clandeftinement, où, dans les fatires les plus enveni-

mées, on m'a fait l'honneur de m'affocier à
ce que la Cour, la Ville & l'Armée ont de
plus confidérable. (a)

Cependant ce ne fera point de ma défenfe
perfonnelle que je m'occuperai principalement avec M. de St. Auban; l'objet que j'en-
vifage eft beaucoup plus important.

Il s'agit d'infpirer décidément à tout ce qui
compofe le Corps de l'Artillerie, & même à
tout le Militaire en général, une confiance
éclairée dans cette nouvelle Artillerie, adoptée aujourd'hui de la maniere la plus folemnelle & la plus décidée; & qu'en conféquence, tout Militaire Français doit à la premiere
guerre fervir ou feconder.

Il s'agit de détruire fans retour les impref-
fions défavantageufes qu'a néceffairement
fait naître une foulé d'ouvrages de tout genre, publiés depuis fix ans impunément contre elle, à la faveur d'une liberté exclufive
d'impreffion accordée, à cette époque, à fes
adverfaires, & qu'ils ont fçu fe conferver,
lors même que la décifion de MM. les Maréchaux, & les Ordonnances du Roi, rendues en conféquence, femblaient devoir en
rendre l'ufage coupable.

(a) La Gazette de Deux-Ponts ; lettre d'un Officier de Gre-
nadiers, &c. &c. & fur-tout *la clef de la réforme des armes.*

Il s'agit enfin de mettre le calme dans le Corps de l'Artillerie, déchiré depuis six ans par des factions & des intrigues, auxquelles ces discussions ont servi d'alimens, par la maniere dont l'Autorité s'en est mêlée, c'est-à-dire, en appuyant d'une part hautement, ou au moins secrettement, les attaques souvent les plus indécentes, & en empêchant de l'autre, par toutes les voies possibles, qu'on ne pût répondre, c'est-à-dire, en liant les mains à des gens qu'elle permettait qu'on attaquât, qu'elle faisait même attaquer.

L'Ouvrage que M. de St. A. vient de publier, toujours par une suite de cette liberté exclusive anciennement établie, paraît à cet égard devoir offrir un grand avantage. Car, plus il y montre de passion, plus l'on doit croire que mettant à profit tous les écrits qui ont précédé le sien, dans le soutien de la même cause, il n'aura pas négligé de rassembler tout ce qui pouvait être propre à la faire valoir. Réfuter l'Ouvrage de M. de St. A. ce fera, par conséquent, réfuter tous ceux qui, depuis six ans, ont été écrits contre le Nouveau Système d'Artillerie.

Je donnerais beaucoup moins d'étendue à cette réfutation, si je pouvais supposer que les différens Ouvrages que j'ai donnés pour la défenſe du Nouveau Syſtême, ont joui d'une publicité ſuffiſante. Mais la plûpart des exemplaires de ces Ouvrages, ayant été arrêtés par une ſuite des ſoins dont je viens de parler, je ſuis obligé de traiter, à nouveaux frais, une partie des objets qui y ſont diſcutés ; d'autant que, comme on le verra, M. de St. A. dénature preſque toujours les citations qu'il fait de ces Ouvrages, ou argumente comme s'ils n'exiſtaient pas.

Pour éviter au moins de revenir, comme M. de St. A. à diverſes repriſes ſur les mêmes ſujets, & pour faciliter au Lecteur le moyen de s'y retrouver, je mettrai entr'eux un ordre qui ne ſe trouve, ni dans le grand Mémoire qui forme la principale partie de ſon Ouvrage, (Mémoire que cependant il nous rend pour la troiſième fois), ni dans cette multitude de notes, d'additions, de poſt-ſcriptum, de petits écrits de tout genre, dont il a tâché de fortifier ce Mémoire.

Pour cela, je diſtinguerai en deux claſſes les changemens, dont l'enſemble conſtitue ce qu'on appelle le Nouveau Syſtême d'Artillerie. Je conſidérerai d'abord ceux qui, de nature à être ſoumis à l'expérience, ont été décidés par cette voie ; je parlerai enſuite de ceux qui n'ont pu l'être que par la voie de la diſcuſſion.

RÉPONSE

DE

M. DU COUDRAY

A

M. DE S. AUBAN,

Sur le Nouveau Système d'Artillerie.

PREMIERE PARTIE.

Examen des difficultés que forme M. de St. Auban contre les parties du Nouveau Système d'Artillerie, qui sont du ressort de l'expérience.

Pour attaquer les parties du Nouveau Système d'Artillerie qui sont du ressort de l'expérience, M. de St. A. s'y prend à la fois de deux manieres.

Il nie d'abord, ou du moins il tâche d'infirmer sur tous les objets principaux, les Résultats des Epreuves de Strasbourg ; ensuite il propose de nouvelles épreuves, sur un plan qui lui est particulier.

Voyons d'abord ce qui concerne les Epreuves de Strasbourg.

ARTICLE PREMIER.

Allégations & raisonnemens de M. de St. A. contre les épreuves de Strasbourg. Avantages qu'il prétend tirer, contre ces épreuves, de l'exercice exécuté l'année derniere à Doüai, devant Monseigneur le Comte d'Artois.

En exposant les résultats essentiels des Epreuves de Strasbourg, dans le premier Chapitre de l'*Artillerie nouvelle*; j'ai dit, « qu'elles se sont faites
» avec la plus grande publicité; que tous les Offi-
» ciers d'Artillerie, en garnison à Strasbourg au
» nombre de plus de cent, étaient invités à les
» suivre, & qu'un grand nombre les avait suivies
» en effet; que tous les Officiers de la garnison y
» étaient accueillis; qu'on avait cherché des té-
» moins de ces expériences qu'on aurait voulu
» faire en présence de toutes les troupes, pour
» leur inspirer une confiance éclairée dans les
» changemens où les résultats conduiraient.

J'ai dit « que les Officiers nommés spécialement
» par la Cour, pour les faire, avaient été choisis
» parmi ceux qui avaient le plus de connaissance,
» tant dans la Théorie que dans la Pratique de
» l'Artillerie; que tous étaient prévenus; que la
» plûpart se déclaraient hautement alors contre
» les changemens proposés; que le seul Officier
» Général d'Artillerie nommé pour y présider,
» était un des partisans des plus décidés de l'An-
» cienne Artillerie, & en même tems un des plus
» instruits; que c'était M. de Mouy. »

J'ai nommé tous ces Officiers, & même ceux qui se trouvant alors employés à Strasbourg, avec grade supérieur, leur furent adjoints, & signerent avec eux les procès-verbaux.

J'ai dit que c'étaient Mrs. de Beauvoir, le Duc, de Bron, des Almons, la Mortiere, Châteaufer, Manson, Bonnal, Collonge, Pillon & Champagné.

J'ai nommé de même les Officiers Généraux, qui se trouvant aussi employés, soit à Strasbourg, soit dans l'Alsace, s'étaient souvent transportés au champ d'épreuve, s'étaient plû à suivre celles de ces épreuves dont les résultats leur paraissaient les plus étonnans, & à joindre leur signature à celles des Commissaires.

J'ai ajouté enfin, que chacun de ces Commissaires tenait son Journal à part à sa manière, le montrait, le communiquait à ceux qui le desiraient ; que les Résultats signés par eux tous, ne l'avaient été que lorsqu'à force de réitérer les épreuves, à force de remettre les objets en discussion, tout le monde avait été d'accord.

Tous ces Messieurs vivent, excepté M. de Mouy, dont la signature se justifie par cela même qu'elle est jointe avec les autres. Aucun d'eux, dans ces tems d'orage où leur rétractation aurait été si bien accueillie, n'a réclamé contre la surprise ou l'autorité qui leur aurait arraché leur signature.

Cependant M. de St. A. ose non-seulement citer comme formellement contenus dans les *Résultats* de ces épreuves, des choses dont il n'y est pas même parlé (*) ; mais en attaquant la bonne foi

---

* On se contentera ici de marquer trois endroits, où M. de St. Auban cite absolument à faux les Résultats des épreuves de Strasbourg.

de ceux qui les ont fignés, & qui tous font aujour-
d'hui dans les premiers grades du Corps de l'Ar-

___

Le premier eft à la page 8ɪ, où il fait dire à ces *Réfultats*
>> que toutes les portées ont été marquées *au coin du caprice de*
>> *la poudre*, &c. . . , .

Jamais on ne s'eft fervi d'un pareil langage dans les Réfultats
des épreuves de Strasbourg ; & la diverfité qui a regné entre
les portées, n'a jamais été que celle qui regne néceffairement
dans les expériences les mieux faites en ce genre, & qui n'empêche pas d'en tirer des conclufions de pratique fondées.

La feconde citation de ce genre eft à la page 8ɪ, où M. de
St. Auban prétend que les *détails* des mêmes épreuves difent
« qu'elles font foi que la pièce de 4 longue porte auffi loin &
>> des coups *auffi meurtriers* que le 8 court, &c.

Les *détails*, les Réfultats des épreuves de Strasbourg, ne
difent pas encore un mot de tout cela.

Ils auraient pu dire que la pièce de 4 longue porte *auffi loin*
que celle de 8 courte, étant fervies toutes deux avec les mêmes
boulets ; car cela peut être ; mais non pas des *coups auffi meur-*
triers : car ces Réfultats prouvent le contraire par la différence
du nombre & de la force de la cartouche de 8 à celle de 4,
dont ces Réfultats, ces *détails* rendent compte.

La troifième citation infidele, faite de ces mêmes Réfultats
par M. de St. Auban, dont on rendra compte ici, pour ne pas
trop s'arrêter, eft à la page ɪo8. « *Il eft dit auffi dans ces Ré-*
>> *fultats*, affure-t-il à cet endroit, que l'on eft tombé d'accord
>> qu'à ɪoo toifes de l'ennemi, il fallait *ceffer* de tirer à cartou-
>> ches, & alors *laiffer faire* l'Infanterie.

Sur cette maxime abfurde, qui loin d'avoir pour objet de
faire valoir les nouvelles pièces, n'aurait eu que celui d'en ref-
traindre confidérablement le mérite, on ne peut qu'en appeller
à tous les Officiers d'Artillerie & autres, qui ont en main ces
Réfultats, & fur-tout à ceux qui les ont fignés.

Ceux qui ne feront pas à portée de faire ces vérifications,
pourront bientôt juger, par la manière dont M. de St. Auban
cite les ouvrages imprimés & publiés, celle dont il peut citer
les ouvrages manufcrits & non publiés.

tillerie, il ofe encore dire en propres termes (p. 10)
» qu'il ne difcutera pas fi les changemens opérés
» dans l'Artillerie, depuis les expériences faites à
» Strasbourg , *n'étaient pas déja arrêtés , avant*
» *même de procéder à ces expériences* ; que c'eft du
» moins *ce qu'on peut foupçonner* . . . . ; qu'on
» y avait non-feulement ufé *de la précaution* . . .
» d'écarter ceux qui n'étaient pas prévenus des
» mêmes opinions . . . . . . mais qu'on y avait pris
» celle *d'impofer le filence le plus exact* au *petit*
» nombre d'Officiers appellés à ces épreuves.

Il foutient le même langage aux pages 13, 14,
80, 81, 86, 107. A la page 112, il dit « qu'il eft
» évident par les procès - verbaux même de ces
» épreuves , qu'elles avaient été faites de maniere
» *à être extrêmement favorables* à un Syftême d'Ar-
» tillerie *déterminé d'avance.*

A la page 151, il s'exprime avec encore moins
de ménagement. Il dit « que fi on jette les yeux
» fur les tableaux des expériences de *Strasbourg*,
» on verra que les procédés n'ont pas été amenés
» de part & d'autre au même point d'égalité,
» qu'on y a *adroitement* employé tous les moyens
» propres *à faire illufion*, & à attirer des fuffrages
„ en faveur des pièces courtes & légères. „

Il faut convenir que c'eft avoir bien de la confiance, que d'avancer fur un pareil ton, *& fans
la plus légère preuve*, des allégations qui attaquent,
non-feulement des faits auffi conftans, auffi publics, mais l'honneur même de tant de perfonnes,
qui les ont réguliérement certifiés. Comment M.
de St. A. n'a-t-il pas fenti qu'il mettait fes Lecteurs
dans la néceffité de choifir entre ces perfonnes là
& lui ? Comment n'a-t-il pas pris garde à la quan-

rité des noms respectables qu'il les forçait de metrre
en balance avec le sien?

M. de Valliere, aussi intéressé que lui, sans
doute, à attaquer les résultats de ces expériences,
lorsqu'il fut question de défendre, auprès de MM.
les Maréchaux, le renversement qu'il avait fait en
1772, de la constitution donnée à l'Artillerie en
1765, n'a cependant pas cru pouvoir contester
ces résultats. Il les a admis, quoique la condamnation de ses opinions & de ses opérations en fut
une conséquence nécessaire ; & si au mois d'Août
de l'année derniere, lui Lieutenant-Général des
Armées, lui Chef d'un Corps Militaire, a porté à
l'Académie des Sciences, une discussion purement
militaire, déja jugée par des Maréchaux de France,
& décidée par des Ordonnances du Roi ; il l'a fait,
du moins, sans insulter ceux qui s'étaient rendus
garans des faits d'après lesquels ses opérations &
son Systême avaient été condamnés.

Mais quels sont donc ces faits si *singuliers, si*
opposés, selon M. de St. A. aux principes *de la*
Physique & de la Balistique ; si contraires aux loix
du mouvement; (voyez p. 107 & 108) *qui doivent*
paraître si extraordinaires aux Officiers d'Artillerie,
si incroyables à tous les Physiciens; qui enfin n'ont
pu prendre une apparence d'existence, que *parce*
qu'on a ADROITEMENT *employé tous les moyens*
propres à faire illusion? Les voici.

1°. Quant aux canons ; c'est que ceux du plus
petit calibre admis, c'est-à-dire, ceux de 4, pointés
sous trois degrés, portent au-delà de 500 toises,
lorsqu'ils sont servis avec des boulets d'une ligne
de vent, tels que ceux dont l'usage a été seulement
alors établi.

C'eft que ces pièces , fervies avec les boulets dont on vient de parler, avec des boulets d'un vent précis, ont l'avantage de la portée & même de la juſteſſe, ſur celles de l'Ordonnance de 1732, ſervies avec des boulets d'un vent indéterminé, tels qu'ont été, dans le fait, les boulets juſques-là, faute d'inſtrumens pour fixer les limites du vent preſcrit par cette Ordonnance.

C'eſt enfin que les nouvelles pièces ſervies avec une vivacité égale à celle qui a lieu au plus chaud d'une action, peuvent fournir huit à neuf cent coups, avant d'être hors de ſervice.   •

2°. Quant aux Affuts nouveaux; c'eſt qu'au moyen de leur allégement & de celui des Pieces, & ſur-tout à cauſe des boëtes de cuivre & des eſſieux de fer, ils donnent l'importante facilité de manœuvrer à bras le Canon de bataille ; au moins dans les mo-mens les plus vifs de l'action , où les attelages cauſent le plus d'embarras dans la ligne.

3°. C'eſt que ces Affuts, ainſi que toutes les nouvelles conſtructions, ont une ſolidité ſupérieure à celle que les anciennes conſtructions ne tenoient que d'une maſſe ſurabondante.

4°. Quant aux Mortiers; c'eſt que ceux de douze pouces à chambre poire , les ſeuls qu'on eut pour les grandes portées de douze à treize cens toiſes , très-néceſſaires dans les bombardemens , n'ont pu ſoutenir plus de vingt coups ſans être hors de ſervice.

C'eſt que ceux à chambre cylindrique, de même dimenſion , qui étoient deſtinés pour les grandes portées , n'ont pu ſoutenir plus de ſoixante-dix coups , ſans ſe trouver dans le même état.

5°. Quant aux Cartouches ; c'eſt que celles qui

avaient été en ufage dans la derniere guerre , fous le nom de *Grappes de raifin* , lefquelles étoient de fer coulé , & fervaient pour les calibres de feize & de douze , ne portaient guères qu'à quatre vingt toifes , felon M. du Pujet lui-même , & qu'une grande partie des balles qui les compofaient fe brifaient , foit contre les parois de la Piece , foit contre les pierres qu'elles rencontraient.

C'eft que les Cartouches à balles de plomb qui , dans la derniere guerre auffi , fervaient pour les calibres inférieurs , fe pelotonaient , fe mettaient en gâteaux , & que privées d'ailleurs de l'avantage de bondir , que du moins avaient les Grappes de raifin , elles étaient d'une portée & d'une exécution encore beaucoup moindre.

C'eft enfin que les nouvelles Cartouches , non-feulement portent à quatre cens toifes avec la Piece de douze , à trois cens cinquante avec celle de huit , à trois cens avec celle de quatre , mais même qu'on peut élever ou abaiffer d'un demi-pouce la culaffe de la Piece , fans diminuer fenfiblement le produit du coup.

Voilà à quoi fe réduifent tous les faits annoncés dans les Réfultats des épreuves de Strafbourg : j'ofe défier qui que ce foit , de prouver qu'on en ait avancé d'autres de quelque importance , ou dans les procès-verbaux de ces épreuves , ou dans les Réfumés envoyés à la Cour , ou enfin dans les Ouvrages écrits pour la défenfe du Nouveau Syftême.

En quoi ces faits choquent-ils *les principes de la Phyfique* , ceux *de la Baliftique* , *& les Loix du mouvement* ? En quoi doivent ils paroître *fi extraordinaires aux Officiers d'Artillerie* , *fi incroyables aux Phyficiens* ?

Eft-il

Eſt-il donc fort *extraordinaire* qu'une Piece de quatre, pointée à trois degrés, porte un boulet à 500 toiſes ? nos Ecoles le font voir tous les jours.

L'eſt-il qu'une Piece, quoique réellement d'une portée plus courte qu'une autre, lui devienne ſupérieure à cet égard, & qu'elle ait auſſi plus de juſteſſe, lorſqu'elle ſera ſervie avec des boulets beaucoup mieux adaptés à ſon calibre, que ne le ſeront ceux qu'on employera pour cette autre Piece ?

La durée des nouvelles Pieces juſqu'à huit & neuf cens coups, ne doit pas paroître non plus bien *extraordinaire*, du moins aux Lecteurs de M. de S. A., quand ils trouvent à la page 78 de ſon Ouvrage, que l'ancienne piece de douze qui, au logement du boulet, n'a environ qu'un cinquieme d'épaiſſeur de plus que la nouvelle Pièce de même calibre, a *été pouſſée juſqu'à quinze à ſeize cens coups*, ſans être hors de ſervice. Nous diſcuterons ailleurs cette aſſertion, que M. de S. A. donne ſans preuve, ainſi que tant d'autres : pour cet inſtant, il ſuffit de la rappeller.

Eſt-il encore fort *extraordinaire* que des conſtructions dont toutes les Pieces ſont réglées ſur des meſures préciſes, ne ſont reçues qu'après des vérifications rigoureuſes & réitérées, ſoient plus exactement travaillées, ſoient mieux aſſemblées que celles pour leſquelles on ne prenait aucune de ces attentions, pour leſquelles on manquait même d'une meſure fixe ?

Doit il paraître *ſi incroyable aux Phyſiciens* & aux Artilleurs que des Mortiers dont la chambre à beaucoup de concavité par rapport à ſon ouverture, aient beaucoup à ſouffrir de la part de la poudre, & ſoient détruits en peu de coups ?

B

Ce qui doit paroître *incroyable* non pas *aux Phy-ficiens* & aux Artilleurs, mais à tout le monde, c'eſt qu'on ait dormi depuis 1732 dans l'idée qu'on avoit des Mortiers de bombardement, tandis que l'on n'en avoit pas.

Doit-il paroître ſi *extraordinaire* à ces *Phyficiens & aux Officiers d'Artillerie*, que les nouveaux Mortiers de bombardement à qui l'on a donné des chambres dont la forme cylindrique offre à l'effort de la poudre une iſſue bien plus libre, qu'on a réduits à jetter des bombes d'un tiers moins peſantes, & que cependant l'on a conſidérablement renforcés de matiere, ſoutiennent un effort auquel ceux dont nous venons de parler ne peuvent ſuffire ?

Doit-il paroître enfin contraire aux *Principes de la Baliſtique, aux Loix du mouvement*, que des Cartouches qui ſont conſtruites avec des balles qui ont plus de poids, qui ne ſont point ſujettes à s'écraſer, qui ont une monture évidemment plus propre à les porter en avant, & à diminuer leur divergence, aient une portée & un effet beaucoup plus conſidérables que des Cartouches qui n'ont pas les mêmes avantages ?

Ce dernier article, la portée des nouvelles Cartouches, eſt le ſeul de ceux qui ſont du reſſort de l'expérience, contre lequel M. de S. A. forme des objections particulieres, en cherchant à tirer avantage de ce qui s'eſt paſſé à Douai, il y a deux ans, à ce ſujet, au paſſage de Monſeigneur le Comte d'Artois dans cette place.

On y a vu réellement que les Cartouches n'ont pas eu l'effet annoncé par les épreuves de Straſbourg. M. de S. A. en conclud, page 152, *que les doutes qu'on a eu ſur la réalité de ces Epreuves, ne ſont pas ſans fondement.*

Pour appuyer cette conclufion, il lui plaît (page 173) de caractérifer *d'Epreuves*, l'exercice du Régiment d'Artillerie, dans lequel ces Cartouches ont eu peu de fuccès : & pour donner à ce caractere quelque.chofe de plus impofant, il ajoute *qu'elles ont été préfidées & dirigées par l'Auteur même du Nouveau Syftême.*

M. de S. A. fait cependant très-bien que fi cet exercice a mérité le titre *d'Epreuves*, c'eft parce que ce Régiment, non-feulement tiraît, mais même voyaît tirer des Cartouches pour la premiere fois ; c'eft fur-tout parce que fon inftruction dirigée fur des principes fort différens de ceux de l'*Auteur du Nouveau Syftême*, ayant été jufques-là au fervice des batteries poftées, les Canoniers ne pouvaient pointer qu'avec beaucoup de tâtonnement & d'incertitude, des Pieces que d'abord on leur fit placer à plus de cent toifes en arriere de la batterie qui était l'objet habituel de leurs exercices ; & qu'on leur fit promener enfuite à différentes diftances.

M. de S. A. fent encore très-bien que ces mêmes Canoniers, par l'inexécution des Ordonnances de 1765 & de 1774, n'ayant eu aucune habitude de fervir le Canon à différentes diftances, le dépoftement de leurs Pieces fuffifait feul pour en rendre le pointement très-incertain, & pour donner à l'exercice exécuté devant Monfeigneur le Comte d'Artois, le caractere *d'Epreuve*, mais dans un fens fort différent de celui que préfente M. de S. A.

Pour conclure quelque chofe des *Epreuves* de de Douai contre celles de Strafbourg, il aurait fallu, ainfi que M. de S. A. le fent fûrement à merveille ; il aurait fallu, dis-je, les faire avec de

B ij

hommes exercés , non-feulement à fervir les nouvelles Pieces , mais même à les fervir en changeant
de diftance , & exercés en outre à les fervir avec
les Cartouches ; trois chofes qui ont abfolument
manqué à ce qu'il lui plaît d'appeller les *Epreuves*
de Douai.

Il aurait fallu de plus , pour apprécier , non pas
le mérite des Cartouches à la guerre, où les terreins
font tantôt fermes, tantôt mous , mais l'exactitude
de ceux qui ont certifié les effets de ces Cartouches
au champ d'épreuve de Strafbourg : il aurait fallu ,
dis-je , que le terrein de l'Ecole de Douai, qui a
tenu lieu de ce champ d'épreuves , fût à peu près
femblable à celui de Strafbourg ; ou que pour
annuller les effets de cette différence, on eût
tiré par comparaifon les anciennes Cartouches avec
les nouvelles , comme on a fait à Strafbourg.

Il aurait fallu encore que le but qu'on a employé à Douai pour tirer les Cartouches, eût été
de la même dimenfion que celui de Strafbourg.

A la page 182 , où M. de S. A. reparle encore
des expériences faites à Douai fur les Cartouches,
il lui plaît d'appeller ce but *énorme.* Ce but *énorme*
cependant, n'avoit que huit pieds de haut, & douze
toifes de long ; c'eft-à-dire , environ les deux tiers
de celui de Strafbourg , auquel on avoit donné
dix-huit toifes, pour figurer le front d'un efcadron,
tel à peu près qu'il eft fur le pied de paix.

A cette même page 182, M. de S. A. dit que le
terrein où fe font faites ces *expériences ,* étaient un
bon terrein. Il ajoute que les balles n'arrivaient *qu'au*
quart de la diftance promife.

Sur tous ces faits, il ne cite aucune preuve, aucun témoignage. Mais quand on oppofe *expériences*

à *expériences*, & que celles qu'on combat font appuyées fur des procès-verbaux réguliers, il femble qu'il faut auffi produire des procès-verbaux.

M. de S. A. fe ferait-il flatté que fa parole feule pût l'emporter fur des fignatures, & des fignatures de gens qui jouiffent d'une confidération fans tache.

ARTICLE SECOND.

Expériences propofées par M. de Saint Auban, contradictoirement à celles de Strasbourg.

RÉPÉTANT, & répétant fans ceffe, mais ne prouvant nulle part, ainfi qu'on vient de voir, que les épreuves de Strafbourg *ont été faites de maniere à être extrêmement favorables à un fyftème déterminé d'avance ; qu'on y a adroitement employé tous les moyens propres à faire illufion*, &c. M. de St. A. finit par propofer d'autres expériences qui, felon lui, doivent terminer toutes les difcuffions. Il préfente à la page 193, le plan fur lequel il defire qu'elles fe faffent.

Il intitule ce plan : *Expériences comparatives propofées fur les portées, la juftefle du tir, le recul, & la durée des piéces longues de l'Ordonnance de 1732, fur les piéces courtes & legeres du Nouveau Syftème d'Artillerie.*

Ce titre, très-exactement copié d'après fon imprimé, manque de netteté ; mais il en a cependant affez, pour annoncer que les *expériences* qu'il demande entre *les piéces de l'Ordonnance de 1732*, & *les piéces courtes & légeres du Nouveau Syftème d'Artillerie*, ont pour objet de *comparer* les piéces *fur la portée, la juftefle, le recul & la durée.*

Le titre seul de la demande de M. de St. A. fait voir qu'elle est illusoire.

Car, 1°. on n'a jamais nié, on n'a jamais même contesté *que les pieces courtes & légeres du Nouveau Syftème*, ne fuffent inférieures en portée aux *piéces longues de l'Ordonnance de* 1732 ; lorfqu'elles feront fervies les unes & les autres avec les *mêmes boulets*, comme M. de St. A. le demande à l'article 9 de fon plan d'expériences.

On a toujours fondé la prétention de fupériorité de portée de la Nouvelle Artillerie, fur ce que par la réduction du vent, le boulet ayant moins de jeu dans les nouvelles piéces, laiffait moins d'efpace fur fon pourtour, pour l'échappement du fluide élafti-que qui doit le porter en avant. Voyez l'*Artillerie Nouvelle*, p. 22. prem. Edit. p. 18. fec. Edit. Voyez les *Lettres fur l'Artillerie*, p. 52. *Etat Actuel*, p. 24.

2°. On n'a jamais établi non plus la fupériorité de juftefe de la nouvelle Artillerie, fur le raccour-ciflement des piéces, comme M. de St. A. le fait entendre dans plufieurs endroits, & notamment à la page 187, où il annonce : « qu'il va réduire tous » les raifonnemens, tous les écrits, toutes les dif-» cuffions, & tout ce qui a été dit pour & contre » le Nouveau Syftème d'Artillerie à la folution d'une » queftion des plus triviales, des plus fimples, des » plus communes, & à la portée des moins clair-» voyans. Ce qu'il fait en demandant aux Infti-tu-» teurs du nouveau fyftème d'Artillerie, fi le mouf-» queton à l'ufage de la Cavalerie, qui eft de même » calibre & configuration d'ame que le fufil du Sol-» dat, *porte auffi loin & auffi jufte* que le fufil ».

Cette queftion *triviale*, comme l'appelle fort bien M. de St. A. confirme ce qu'annonce fon plan d'expériences, & même le titre de ce plan, ce qu'il répete dans cent endroits de son ouvrage; savoir : qu'il impute aux défenseurs du Nouveau Syſtême d'établir *ſur le raccourciſſement même des piéces*, la prétention de ſupériorité, de juſteſſe & de portée, qu'ils forment pour la nouvelle Artillerie; ce qui eſt aſſurément la plus grande abſurdité qu'on puiſſe attribuer à des gens qu'on cherche à décrier, en abuſant complettement de l'ignorance de ceux devant qui on les traduit.

Mais tout prouve que les défenseurs du Nouveau Syſtême ſont bien loin d'être coupables de cette abſurdité. *L'Artillerie Nouvelle* & les autres ouvrages précédemment cités, font voir en cent endroits que lorſqu'ils ont ſoutenu que le Nouveau Syſtême, loin de faire perdre, avait fait gagner ſur la juſteſſe qu'on avait précédemment, ils ne ſe ſont fondés que ſur deux points. 1°. Sur ce que les nouveaux boulets ayant beaucoup moins de vent, & étant infiniment plus réguliers que les anciens, ſont moins dans le cas de s'écarter de la direction de la piéce, en ſortant de la bouche.

2°. Sur ce que les nouvelles piéces portant des hauſſes, on ne perd jamais de vue l'objet auquel on tire; du moins juſques vers 500 toiſes, où la portée ceſſe d'être conciliable avec la juſteſſe du tir; Tandis que l'Ancienne Artillerie étant dépourvue de cet inſtrument, la volée couvre l'objet, & par conſéquent oblige à tirer au haſard, dès qu'on eſt au-delà du but en blanc; c'eſt-à-dire, à 180 toiſes environ, pour les petits calibres, & à 200 pour les gros. Voyez encore les ouvrages cités ci-deſſus, & particuliérement *l'Artillerie Nouvelle*, chap. 3, ſection premiere.

B iv

3°. On n'a jamais assuré que les piéces du nouveau modele *durassent plus* que celles de l'ancien.

On a simplement prétendu, par les faits, que puisqu'elles fournissaient à 8 à 900 coups, elles suffiraient à quatre ou cinq batailles, en supposant même qu'à chacune elles se trouvassent au fort de l'action.

Au défaut d'expériences de comparaison, pour lesquelles il aurait fallu couler exprès, & consommer au moins six piéces de l'ancien système, en même-tems que six piéces du nouveau; expériences fort cheres, sur tout quand elles sont de pure curiosité: on a eu recours au raisonnement pour examiner si la diminution d'épaisseur rendait à cet égard les nouvelles piéces de beaucoup inférieures aux anciennes. On n'a rien assuré; on a simplement prétendu que le dépérissement des piéces arrivant presque toujours par les battemens de boulets, qui amenent la destruction de l'ame, la cause de cette destruction étant très-considérablement diminuée par la réduction du vent, les piéces nouvelles, servies avec les nouveaux boulets, dureraient probablement plus longtems que les anciennes, parce que celles-ci n'ayant pour elles que l'épaisseur plus grande de métal, gagneraient moins par-là, si toutefois elles gagnaient, qu'elles ne perdraient par la différence du vent. Voyez *l'Artillerie Nouvelle*, chapitre prem. section premiere; & les mêmes ouvrages déja cités.

4°. On n'a jamais nié non plus que les piéces longues reculassent moins que les courtes. Ce serait encore une absurdité révoltante.

On a seulement soutenu que l'excès du recul des piéces courtes sur celui des longues ne pouvait être affez nuifible au fervice que doivent remplir des piéces de bataille, deftinées à être toujours fervies à plate-terre, pour qu'on renonçât à l'allegement qui rend ce recul plus confidérable. Et pour cela, on s'eft principalement appuyé fur l'exemple des Artilleries Pruffiennes & Autrichiennes, qui toutes deux plus légères que la nôtre, la première d'un tiers, la feconde d'un cinquiéme, portent par conféquent bien plus loin l'inconvénient du recul; & qui cependant ont fait toute la guerre derniere, fans que cet inconvénient, non plus que celui d'une durée, encore bien moindre que celle de nos piéces, fi l'épaiffeur du métal en décide, ait engagé aucune de ces deux Puiffances, fi attentives fur tout ce qui pouvait leur donner quelque fupériorité, à revenir fur l'allegement, qui produit ces inconvéniens.

Il réfulte de tout ceci, qu'en propofant comme fait M. de St. A. de *comparer* les piéces nouvelles aux anciennes *fur la portée & la juftefse de Tir*, en les dépouillant, ou en leur faifant partager avec les anciennes, les boulets d'une ligne de vent & les hauffes qui font de la dépendance du Nouveau Syftême, qu'en propofant de *comparer* les piéces nouvelles aux anciennes par rapport *au recul*, il fait une propofition, qui ne trouvera pas de contradicteurs; parce qu'elle porte fur des objets qui font non-feulement accordés, mais qui n'ont même jamais été mis en queftion. Ainfi rien de plus illufoire que cette propofition, fi ce n'eft le pari de 60000 liv. dont il l'appuye pour completter l'illufion.

Ce qu'il faut éprouver, ce qui peut faire encore véritablement matière à difcuffion, chez les perſonnes du moins qui ont été peu à portée d'être inſtruites, ou qui en ont négligé les occaſions; c'eſt la propoſition faite par celui que M. de St. A. appelle *l'Auteur du Nouveau Syſtème*, à M. le Marquis de Monteynard en 1771, lorſque ce Miniſtre fit faire à Douai, *dans ſon propre département*, *ſans l'y appeller*, une épreuve de ſes nouvelles piéces de 4 contre les anciennes de même calibre.

Après avoir fait ſentir à M. de Monteynard combien les épreuves qu'il venait de faire faire, à peu près de la maniere dont M. de St. A. propoſe les ſiennes, étoient irrégulières, infideles, & propres à embrouiller la matiere : *l'Auteur du Nouveau Syſtême* terminait ainſi :

» Le fond de la diſcuſſion, M. le Marquis, » eſt de ſavoir, *ſi la Nouvelle Artillerie de bataille* » *vaut mieux que l'ancienne.*

» Pour décider cela, il ne faut que choiſir quatre » ou cinq Officiers d'Artillerie, dans le nombre » de ceux qui préferent l'ancienne, leur donner des » piéces des trois calibres, telles qu'on s'en eſt ſervi » à la guerre, depuis 1732 juſqu'à ce jour, *les* » *monter*, *les armer* de même, leur donner des » boulets à deux lignes de vent, comme elles les » ont eu juſqu'à la fin de la derniere guerre.

» Il n'y a qu'à choiſir d'autre part quatre ou cinq » Officiers qui entendent bien le ſervice de la » Nouvelle Artillerie, leur donner des piéces des » trois calibres *montées & armées avec des boulets* » *à une ligne de vent*, ainſi qu'il eſt preſcrit par le » nouveau Réglement, que M. le Comte de Mouy, » qui eſt ſur les lieux dans la bonne ſaiſon, aidé » de quelques Généraux, & ſur tout de quelques

» Généraux d'Artillerie, foit chargé de fuivre ces
» épreuves de comparaifon & l'on verra:

» Si à dégrès égaux, les nouvelles piéces por-
» tent moins loin que les anciennes , & de
» combien.

Si l'on peut pointer la nouvelle Artillerie plus
» loin, & avec plus de juftefle dans les grandes
« & dans les petites diftances.

» Si en tems égal, elle peut tirer beaucoup
» plus de coups, & plus jufte que l'ancienne.

» Si la portée de fa carrouche eft double ou
„ triple de celle de l'ancienne.

„ Si les affuts & les voitures de fuite font plus
„ folides, plus légères & plus roulantes.

„ Si les réparations feront plus rares & plus
„ faciles.

„ Si l'uniformité dans toutes les parties rendra
„ les rechanges moins nombreux & plus com-
„ modes.

„ Si l'Artillerie attachée à une réferve peut,
„ avec la nouvelle mieux qu'avec l'ancienne, fe
» porter rapidement au fecours d'une aîle atta-
„ quée, arriver avec les troupes, & entrer en action
„ aufli-tôt qu'elles.

„ Si dans une manœuvre d'aîle ou d'armée, elle
„ peut fe deplacer, ou fe replacer aufli vîte que
„ les troupes fans leur caufer d'embarras.

„ Si elle peut couvrir une retraite, tenir l'en-
„ nemi éloigné, & tirer en marchant fans arrêter
„ les troupes.

„ Si elle peut faire la même manœuvre en dé-
„ fendant le flanc d'une colonne en marche.

„ Si elle pourra pafler les foflés, les ravins,
„ les montagnes plus aifement que l'ancienne.

„ Si elle doit ruiner moins ſes attélages & les
„ chemins.

„ *Si* les piéces nouvelles dureront beaucoup
„ moins que les anciennes, & de combien.

„ Enfin la conbinaiſon de tous les avantages &
„ déſavantages fera *connaître* laquelle des deux
„ Artilleries eſt préférable ; tout le monde fera
„ d'accord, & l'on aura confiance dans ſes armes ;
„ choſe intéreſſante pour le ſervice.

„ Ceux qui cherchent la vérité de bonne foi,
„ demanderont avec nous cette épreuve ; ceux qui
„ la craignent, chercheront à l'éloigner. Peut être
„ que les moyens qu'ils employeront pour cela,
„ mettront à même de décider ſans épreuve qui
„ a tort ou raiſon „.

Voilà ce que l'*Auteur du Nouveau Syſtême* pro-
poſa à M. le Marquis de Monteynard en 1771 ;
propoſition qui reſta ſans effet, & même ſans
réponſe de la part de ce Miniſtre, dont M. de St.
A. dit à la page 181, “ qu'il accorda aux Partiſans
„ de la Nouvelle Artillerie tout le tems qu'ils lui
„ lui demanderent ; qu'il eut avec eux pluſieurs
„ longues conférences ; qu'il reçut & donna
„ l'attention qu'exigeait un objet auſſi important,
„ à tous les Mémoires & Ecrits qui lui furent reſ-
„ pectivement préſentés : & qu'après un examen
„ attentif, & dix-huit mois de réflexion ſur une
„ partie du ſervice du Roi auſſi intéreſſante, il
„ engagea Sa Majeſté à rendre ſur l'Artillerie
„ l'Ordonnance de 1772 „.

M. de St. A. ſait mieux que perſonne, quels
moyens on a employés *pour éloigner cette épreuve.*
Mais il en eſt encore tems. Tous les gens de bonne
foi la regarderont encore aujourd'hui comme dé-

tiſive, comme propre *à mettre tout le monde d'accord*.

Peut-être même eſt-elle devenue indiſpenſable pour diſſiper les inquiétudes qu'ont dû néceſſairement produire dans le Corps de l'Artillerie, & à plus forte raiſon dans le reſte de l'armée, tant de mémoires, tant de pamphlets, tant d'ouvrages de tout genre, imprimés & manuſcrits, répandus continuellement depuis cinq ans, par M. de St. A., & par les ſiens, à la faveur d'une liberté, *toujours excluſive*, que par des *moyens*, dont ſûrement il ne rendra pas compte, il a ſçu ſe conſerver, même depuis que la déciſion de Meſſieurs les Maréchaux, depuis que les Ordonnances rendues en conſéquence, impoſaient à tous les Adverſaires de la nouvelle Artillerie un ſilence qu'ils ne pouvaient rompre ſans ſe rendre coupables, ainſi que ceux qui concouraient à les autoriſer.

C'eſt pour cette épreuve là qui va au fait, qui tend véritablement à examiner ſi la Nouvelle Artillerie de bataille vaut mieux que l'ancienne, que M. de St. A. aurait dû employer le crédit dont il jouiſſait ſous M. de Monteynard; c'eſt à en aſſurer l'exécution qu'il doit conſacrer ce dépôt de 60000 liv. qu'il annonce avec tant d'éclat.

C'eſt alors qu'il pourra dire (page 108,) »que » l'offre qu'il fait doit être regardée comme une » acceptation *ſans ruſe ni detour* du *défi* » qu'il prétend être contenu dans la concluſion du plan d'expériences que je viens de rapporter & qu'il rapporte auſſi lui-même, mais en la détachant de tout ce qui la précéde.

Accepter un *défi ſans ruſe ni détour*, c'eſt l'accepter avec toutes ſes conditions. Il ne dit pas un

feul mot à fes lecteurs de ces conditions, ni de
la propofition qui en fait l'objet. Mais les miens,
mieux inftruits, pourront juger fi ces conditions
font les mêmes que celles de M. de St. A.; fi la différence extrême qui regne entre elles, n'annulle
pas l'acceptation de ce *défi*; fi elle eft comme il
le dit, *fans rufe ni détour*.

Paffons maintenant à l'examen des raifonne-
ments par lefquels il attaque ce qui dans le Nouveau Syftême n'étant point du reffort de l'expérience, a été établi *feulement par voie* de difcuffion.

SECONDE PARTIE.

*Examen des objections de M. de St. Auban,
fur les parties du nouveau Syftême, qui
n'étant point du reffort de l'experience, ont
été établies par voie de difcuffion.*

DE tous les changemens faits par le Nouveau
Syftême, & qui n'ont pû fe décider que par la
voie de la difcuffion, l'allégement eft le plus confidérable fans contredit. C'eft celui dont les conféquences ont été les plus étendues, c'eft donc par
lui que nous commencerons.

ARTICLE PREMIER.

De l'allégement de l'Artillerie de Campagne.

Avant de faire, dans l'*Artillerie Nouvelle*, l'expofition des changements qui conftituent notre
Nouveau Syftême d'Artillerie, j'ai tâché de faire
voir que l'allégement de notre Artillerie de cam-

pagne étoit à la fois fondé fur le raifonnement
& fur l'expérience.

J'ai dit, d'abord quant au raifonnement, qu'il
fembloit prouver qu'une des qualités les plus ef-
fentielles à tout ce qui concourt aux opérations
d'une Armée, fur-tout dans les batailles, était
la mobilité, & que cette qualité importait d'autant plus à l'Artillerie, qu'étant, par fa nature,
la plus pefante de toutes les armes, elle eft plus
fujette à retarder les mouvements des autres.

A l'autorité du raifonnement qui a fuffi pour
décider le Roi de Pruffe, j'ai joint celle des fuccès
de ce Prince, & fur-tout celle de l'exemple des
Autrichiens, qui faute de pouvoir autrement re-
gagner ce que leur avoit fait perdre cette différence de Syftême d'Artillerie l'ont adoptée, & l'ont
même portée plus loin, finon quant à l'allégement,
du moins quant à la multiplication des piéces, dont
nous parlerons enfuite, laquelle fuppofe un allégement, tel au moins, que cette multiplication ne
produife pas une furcharge embarraffante.

C'eft fur cette double autorité du raifonnement
& d'une expérience foutenue entre deux Nations
rivales, conduites pendant fept ans d'une guerre la
plus vive, par des hommes de génie, & fans ceffe
attentives à tout ce qui pouvait leur donner quelque
fupériorité, que j'ai tâché de faire voir qu'avaient
été fondés en général les changements qui, dans
notre Nouveau Syftême concernent particulierement l'allégement de l'Artillerie de campagne.

M. de St. A. prétend que mes preuves ne figni-
fient rien; & il le prétend, en fe fondant à fon
tour fur l'exemple & fur le raifonnement.

Commençons par le raifonnement. Car en toutes

choſes, il doit avoir la préférence ſur l'exemple, qui ſouvent eſt trompeur.

SECTION PREMIERE.

Objeâions de M. de St. Auban contre l'allégement de de l'Artillerie, fondées ſur le raiſonnement.

Les raiſonnements que forme M. de St. A. contre l'allegement de l'Artillerie, ont pour objet.

1°. La diminution de juſteſte.

2°. La dimimution de portée.

3°. La diminution de durée.

4°. L'augmentation de recul.

5°. L'inconvenient de ne pouvoir mettre ces nouvelles piéces en embraſure.

Quoique la portée importe beaucoup moins que la juſteſſe, ce fera cependant d'elle, qu'à l'exemple de M. de St. A. Je traiterai d'abord : en ſuivant ſa marche en ce point, j'éviterai à mes lecteurs des préliminaires qui ſans cela deviendraient néceſſaires pour leur rendre intelligibles les arguments qu'il fait ſur la juſteſſe, en partant de ceux qu'il a précédemment tâché d'établir ſur les portées.

§. PREMIER.

De la diminution de portée imputée au Nouveau Syſtème par M. de St. Auban, comme ſuite du racourciſſement des pièces. Raiſonnements, autotorités, faits ſuppoſés qu'il employe à ce ſujet.

Ce que j'ai cherché à bien établir ſur les piéces nouvelles, par rapport à la portée, c'eſt qu'elles en ont une, non-ſeulement ſuffiſante, mais même exédente à celle qui peut ſe concilier avec quelque juſteſle de Tir.

Pour

Pour cela j'ai obfervé que cette portée fuffifante, fi l'on s'en fut tenu à l'expérience des guerres précédentes, aurait été determinée tout au plus vers 400 toifes ; & cela avec d'autant plus de fondement, que d'après cette expérience fans doute , M. du Pujet, le Partifan le plus décidé des longues portées, & dont M. de St. A. exalte (page 72) *les lumieres & les talents fupérieurs*, avait établi pour principe, pour *maxime*, dans fon *effai fur l'Artillerie qui devrait être*, dit-il. (page 22) *entre les mains de tous les Officiers d'Artillerie*, « que ce n'eft qu'à 200 toifes que les » coups de canon commencent à devenir certains. ,, (*Effais fur l'Artillerie* page 35).

A l'autorité de M. du Pujet, j'ai cru devoir cependant joindre celle de M. de Vauban, qui, malgré le loifir qu'on a dans les Siéges pour pointer, malgré les plates-formes & toutes les commodités de fervice qui font alors raffemblées, & dont on manque entiérement en bataille, a cependant reftraint à 300 toifes la pofition des premieres batteries, quand des raifons particulieres ne formeraient point exception aux cas ordinaires.

J'ai enfuite tâché de faire voir que ce qui avait autorifé à étendre jufqu'à 500 toifes, les limites de la portée qu'on devait demander à des piéces de bataille, c'était l'augmentation de juftefle qui devait évidemment fe fuivre de la réduction du vent des boulets, & des nouveaux inftrumens de pointage.

Les plus courtes piéces, celles de 4, qui eft le moindre calibre, ayant fous trois degrés cette portée de 500 toifes & au-delà, comme tout le monde en convient, comme M. de St. A. en convient lui-même, & comme d'ailleurs cela se prouve par les exercices journaliers de nos Ecoles ; j'ai cru pouvoir conclure que les nouvelles piéces en général avaient une portée *plus que suffisante.*

Tels sont en substance les principes que, sur cet objet, j'ai cherché à établir dans le premier chapitre de *l'Artillerie Nouvelle*, où en terminant cette discussion, j'ai dit en propres termes, " *cette* „ *portée de* 500 *toises* devenant la base de toute „ l'opération, il ne fut plus question que de , l'assurer à toutes les piéces par lesquelles on pré- „ tendait remplacer les anciennes „.

Pour attaquer ces raisonnemens, M. de St. A. conformément à la marche que nous venons de voir qu'il suit dans son plan d'expériences, commence par supposer que *la base de l'opération* par laquelle on a cherché à alléger l'Artillerie, que l'objet qu'on a eu en vue, que ce qu'on a voulu défendre depuis, ce n'est point *cette portée suffisante*, mais *l'égalité* de portée entre les piéces anciennes & les nouvelles, & cela même sans parler de la réduction du vent, sur laquelle on a toujours fondé pour le Nouveau Systême la préten- tion de cette *égalité*, ou plutôt de cette supério- rité. Après avoir attesté, (page 17,) *les loix de* „ *la Nature* qui, dit-il, sont *permanentes & in-* „ *variables* dans leurs effets & *dans leurs résultats*, „ & qu'il ne peut dépendre de la volonté des „ hommes de changer *quelque modification*, & „ quelqu'art qu'ils employent pour les *contourner*; il s'attache à démontrer " qu'une *piéce longue &* „ *riche en métal* porte son boulet *beaucoup plus*

» *loin*, & beaucoup plus jufte qu'une piéce plus
» courte de même calibre ».

Il démontre cette propofition par le raifonnement , par des exemples multipliés , par l'autorité de
M. Euler , par celle de M. le Chev. d'Arcy. Il y revient vingt fois dans le cours de fon ouvrage , tantôt
par de nouveaux raifonnemens & de nouveaux
exemples ; tantôt en mettant à contribution les
Auteurs qui ont traité d'Artillerie , depuis le *Sire
de Preifac* dont il nous rapporte , (page 29,) les
obfervations importantes fur la *moyenne Coulevrine*
& fur la *Coulevrine batarde*, jufqu'à M. du Pujet
partifan prefqu'auffi décidé des Coulevrines que
le Sire de Preifac ; tantôt en invoquant, (page 77 ,)
le témoignage des *La Frefilieres , des Saint Hilaires,
des Vallieres* , des Officiers d'Artillerie de tous les
âges ; tantôt enfin , en reclamant, (page 187,) *tous
les principes de Phyfique , de Géometrie & de Baliftique*, & *notamment les expériences faites* l'année derniere , *fous les yeux de MM. les Infpecteurs généraux d'Infanterie , préfidés par M. le Maréchal de
Biron*

Il ne me ferait pas bien difficile de montrer le peu de force , ou le mauvais choix de
ces raifonnemens , de ces exemples , de ces autorités fans nombre , entaffées les unes fur les autres , à deffein de faire croire que le fonds de la
querelle excitée dans l'Artillerie, a principalement
pour objet la fupériorité de portée des piéces courtes fur les longues , (*) confidérées les unes & les

---

(*) Un des endroits de fon Ouvrage , où M. de St. Auban
s'exprime le plus nettement fur cette maniere de faire envifa-
ger la querelle de l'Artillerie, c'eft à cette même page 187 ,

autres en elles-mêmes, & fans égard à la différentes des boulets qui ont toujours été employés pour fervir les anciennes, & de ceux dont l'ufage a été établi pour les nouvelles ; querelle qui, pré-

---

où je viens de dire qu'il réclamoit *tous les principes de Phifique, de Géométrie, de Baliftique*, & *notamment* les expériences, &c.

J'ai déja cité précédemment ce paffage en partie, mais je crois qu'il convient de le placer ici tout entier.

» Je vais réduire tous les raifonnemens, tous les écrits,
» toutes les difcuffions, & tout ce qui a été dit jufqu'ici pour
» & contre le Nouveau Syftême d'Artillerie, à la folution
» d'une queftion des plus triviales, des plus fimples, des plus
» communes, & à la portée des moins clairvoyans.

» Je demanderai aux Inftituteurs du Nouveau Syftême
» d'Artillerie, *fi le moufqueton* à l'ufage de la Cavalerie,
» qui eft de même calibre & de même configuration d'ame
» que le fufil de Soldat, mais qui a un tiers moins de lon-
» gueur, [puifque le canon du moufqueton n'a que vingt-
» huit pouces de longueur, & que le canon de fufil de Soldat
« en a quarante-deux,] *porte auffi loin & auffi jufte que le fufil.*
» S'ils me répondent que *le moufqueton porte auffi loin que le*
» *fufil*, leur réponfe fera non-feulement contraire à tous les
» principes de Phifique, de Géométrie & de Baliftique, mais
» oppofée à toutes les expériences qui ont été faites, & notam-
» ment en dernier lieu fous les yeux de MM. les Infpecteurs
» généraux d'Infanterie, préfidés par M. le Maréchal de Biron.

» S'ils me répondent que le fufil porte plus loin & plus
» jufte que le moufqueton, ils prononceront décifivement &
» irrévocablement contre les pièces courtes & legeres, puif-
» que de calibre à calibre, & à même configuration d'ame,
» les courtes & legeres ont un tiers moins de longueur que les
» anciennes de l'Ordonnance de 1732, & que les raifons qui
» font porter le fufil plus loin que le moufqueton, font exac-
» tement les mêmes [proportion gardée] qui font porter
» plus loin & plus jufte des pièces de canon qui ont un tiers

fentée de cette maniere, eft fort propre à faire crier
à l'abfurdité, à l'injuftice contre les défenfeurs du
fyftême.

Je pourrais faire voir, d'abord quant au raifonnement, que lorfque M. de St. A. dit, par exemple,
à la page 18 : » Que les boulets forcés & affujettis
» pendant un plus long tems & un plus long ef-
» pace (dans une piéce longue) à fuivre la direc-
» tion donnée, arriveront à leur but avec infiniment
» plus de force », il prouve trop ; ce qui, comme
on fait, eft pis que fi l'on ne prouvait rien.

Car ne donnant dans cet endroit, ni dans aucun
autre de ceux où M. de St. A. raméne le même
raifonnement, nulle efpéce de limite à la longueur
des piéces ; ne difant rien non plus de l'augmentation néceffaire des charges, il s'enfuivrait qu'une
piéce affez longue pour que la force imprimée au
boulet s'anéantit avant qu'il en fut forti, ferait celle
qui aurait le plus de portée, tandis que dans le fait
elle n'en aurait aucune.

Je pourrais appliquer le même principe à refuter
l'autorité de M. Euler, à qui, toujours fans parler

» de longueur d'ame de plus que d'autres des mêmes calibres.
» Si on me nie ce fait, j'en appellerai, comme j'ai toujours
» fait, à l'expérience. »

La plûpart de mes Lecteurs trouveront cette citation bien
longue ; mais j'ai cru n'en devoir rien retrancher, pour leur
donner, une fois pour toutes, une connoiffance complette de
la maniere de raifonner de M. de St. Auban, tant pour la
vérité de fes fuppofitions & le fonds de fes idées, que pour
la clarté & l'ordre avec lefquels il les expofe.

Autant pour abreger, que par égard pour mes Lecteurs, je
ne citerai déformais de M. de St. A. que le pur néceffaire.

des charges , ni fixer des limites à la longueur des piéces , M. de St. A. fait dire *que les piéces les plus longues impriment aux boulets le plus de force & de vîteſſe.* En effet , l'obſervation que je viens de faire , prouve que cette propoſirion , que M. de St. A. annonce pour être tirée de *l'ouvrage le plus profond & le plus rigoureux qu'on ait ſur la Théorie de l'Artillerie,* non-ſeulement ne peut pas ſe démontrer *rigoureuſement* , mais qu'elle eſt évidemment fauſſe.

Quant à l'autorité de M. le Chev. d'Arcy , il ne me ſerait pas non plus difficile de faire voir que le paſſage que M. de St A. cite de lui , ne prouve pas plus en faveur de la longueur attribuée aux piéces de l'Ordonnance de 1732 , qu'en faveur de celle de trois cens quarante-trois pieds, que d'aprèsdes expériences particulieres cet Académicien prétend qu'il faudrait donner à une piéce de 24 , *ſi on la proportionnait duement par rapport à ſa charge de huit livres.* Car ſe bornant ſagement à conclure que *dans la pratique, on doit tenir les piéces les plus longues qu'il eſt poſſible* , & ne ſtatuant rien ſur cette *poſſibilité,* il laiſſe abſolument indécis l'objet de notre diſcuſſion.

D'ailleurs ſi l'autorité de M. d'Arcy, au lieu d'être neutre , était auſſi défavorable aux piéces courtes que M. de St. A. le prétend , il me fournirait lui-même le moyen de la combattre , & cela , ſans avoir beſoin d'entrer dans aucune diſcuſſion ; car ſi M. le Chevalier d'Arcy eſt exalté fréquemment dans l'ouvrage de M. de St. A. auquel je réponds , il eſt attaqué de la maniere la plus outrageante , dans cette Collection *d'Obſervations & d'Expériences ſur l'Artillerie,* qu'il a publiée l'été dernier , & particu-

liérement dans le commencement de l'Avant-propos où l'on trouve en propres termes : « Cet Aca-
» démicien avait avancé des choses trop opposées
» à l'expérience & à la pratique (de l'Artillerie)
» *pour qu'il fut lui-même perfuadé de leur certitude* »,
expreffions, qui attaquant non-feulement les lumieres, mais la bonne-foi de M. le Chev. d'Arcy, tendent, je ne dis pas à affoiblir, mais à annuller l'autorité que M. de St. A. veut aujourd'hui lui donner
fur les mêmes objets.

Enfin, quant aux expériences, je pourrais faire
voir avec combien peu de fondement M· de St.
Auban cite *notamment* celle qui s'eft faite l'année
derniere, *fous les yeux de Mrs. les Infpecteurs
Généraux d'Infanterie, préfidés par M. le Maréchal de Biron*, pour déterminer la longueur du
fufil de Soldat.

Pour cela il fuffirait de citer le procès-verbal
qu'il ne cite pas, & qui fe trouve cependant
dans un affez grand nombre de mains, & *notamment* dans celles de Mrs les Infpecteurs & de Mrs.
de Perthuis & du Puch, qui comme Officiers
d'Artillerie ont été appellés à ces expériences.

On y verrait premiérement, qu'ayant été faites
à l'horizontale & à un demi degré feulement,
c'eft-à-dire dans les fituations où les erreurs des
inftrumens & des Opérateurs produifent les variations les plus confidérables, on n'en peut rien
conclurre ; comme indépendamment de toute
théorie, l'extrême inégalité qui régne entre les
réfultats, le démontre affez.

On y verroit fecondement, qu'en admettant
que ces expériences euffent été faites de maniere
à en tirer quelque conféquence, on n'en pour-

toit pas tirer celles qu'en déduit M. de St. A. en faveur des piéces longues ; puisque si le canon de fusil de 42 pouces y a eu constamment la supériorité sur le canon de 41 pouces, celui de 40 pouces a eu la même supériorité sur ce dernier.

Mais au lieu d'entrer dans toutes ces discussions, il est bien plus simple de renvoyer, je ne dis pas M. de St. A. qui le connait très-bien, mais ses lecteurs, au premier chapitre de *l'Artillerie Nouvelle*, section Ire où se trouve annoncée cette prétention du Nouveau Systême à la supériorité de portée qui cause tant de tourmens à M. de St. A.

Ils y verront, 1°. que cette prétention n'y est annoncée que comme un moyen de replique à ceux " qui, malgré les raisons précédemment „ établies sur la fixation des portées à désirer „ dans les piéces de campagne, regardent la supé- „ riorité de portée au-delà de 500 toises, comme „ un avantage précieux.

Ils y verront, 2°. que cette prétention est fondée uniquement sur la réduction du vent, & par conséquent sur la supposition que les nouvelles piéces seront servies avec les nouveaux boulets qui n'appartiennent pas moins qu'elles au Nouveau Systême ; & que les anciennes le seront avec les anciens boulets qui sont de même qu'elles une portion de l'Ancien Systême.

Ils y verront, 3°. que pour rendre plus remarquable la condition sous laquelle on a formé cette prétention en faveur des piéces courtes , on a mis en caractères italiques le passage qui l'exprime.

Ils en conclueront vraifemblablement que tout cela n'ayant pu échapper à M. de St. A. ; c'eſt illuſoirement & abſolument pour prêter à l'Auteur, & aux Défenſeurs du Nouveau Syſtême une prétention qui révoltât contre eux, que, détachant les nouveaux boulets des nouvelles piéces, & conſidérant la réduction du vent abſolument à part du racourciſſement des piéces, il a raſſemblé cette foule de raiſonnemens, d'autorités, d'exemples qui tendent tous à prouver que la ſupériorité de portée, réclamée en faveur du Nouveau Syſtême, eſt pour ce Syſtême un objet de la plus haute importance, & ſur tout que la prétention en eſt fondée ſur le racourciſſement même des piéces.

Mais ce qui achevera de convaincre les Lecteurs de M. de St. A., que ſur cet article des portées fournies par le Nouveau Syſtême, il n'a voulu que les égarer ; c'eſt l'annonce qu'il fait, & qu'il répete dans vingt endroits de ſon ouvrage, & notamment aux pages 16, 30, 109, 110, 159 & 185, que l'étendue de ces portées n'eſt due qu'à ce que, " parmi les moyens pris *pour faire* „ *paraître* les portées des piéces courtes & légeres, „ *auſſi étendues* & auſſi juſtes que celles des an- „ ciennes de même calibre......, on a compris.... „ *celui de donner à la piéce un demi degré au-* „ *deſſus de l'horizon* „.

Telles ſont ſes expreſſions à la page 16 : cette élévation d'*un demi degré au-deſſus de l'horizon*, ce moyen *de faire paraître* longues les portées des piéces nouvelles, y eſt annoncé comme exiſtant.

Il en eſt de même à la page 30, où il eſt encore compris parmi d'autres inventions *ingénieuſement préſentées & éxécutées.*

Qu'il me foit permis de demander à M. de St.
A. comment il ôfe avancer, & avancer d'une
maniere auffi pofitive, une chofe dont la fauffeté,
qu'il me pardonne l'expreffion, fe conftate de
mille manieres.

Il n'a probablement penfé qu'à celle qui pouvait réfulter de l'examen des nouvelles piéces ; &
comme cette vérification eft une opération déli-
cate, qu'elle exige de la peine, du tems, des
inftrumens, le fecours de quelques bras, il a ef-
peré que fi elle fe faifait elle fe ferait par un
très-petit nombre de perfonnes, dont les réclamations feraient néceffairement couvertes par le
cri de la beaucoup plus grande partie de fes
Lecteurs, laquelle ne pourrait jamais imaginer
qu'un Officier général d'Artillerie, un Infpecteur,
fût ou affez mal inftruit, pour errer fur un fait
de cette conféquence, ou qu'il réfpectât affez
peu la vérité, non - feulement pour avancer le
contraire de ce qu'il faurait à cet égard, mais
même pour en faire un fujet d'accufation.

M. de St. A. a pu imaginer qu'il en ferait de
même du témoignage des Officiers employés aux
Fonderies, & chargés par état de la reception
des piéces.

Mais comment n'a-t-il pas pris garde à ces
moyens de vérification facile qu'il offrait lui-
même fur cet article, ni à ceux que préfente M.
du Pujet, dont il fait une autorité fi grave ?

Dans cette *collection authentique*, dont nous lui
fommes redevables, & où il a raffemblé les mémoires remis par M. de Valliere & par M. de
Gribeauval à Mrs. les Maréchaux, on voit à la
page 12, que M· de Valliere fuppofe, comme

fait ici M. de St. A., qu'on a donné aux nouvelles
piéces un demi degré d'élévation de plus qu'aux
anciennes ; ce qui lui paraît d'une aussi dangereuse
conséquence qu'à M. de St. A.

M. de Gribeauval, pour s'éviter de discuter
ces conséquences, répond simplement, à la page
18 de la même *collection*, " . . de Valliere a
„ oublié qu'il est noté à la marge du résultat des
„ épreuves de 1764, (d'après lequel argumentoit
„ M. de Valliere) *qu'on n'a point donné aux nou-*
„ *velles piéces ce demi degré* , lequel en effet ,
„ nous a paru inutile à tous, puisque nous avions
„ regagné l'ancienne portée par la diminution du
„ vent „.

Comme M. de Valliere n'est point revenu sur
ce demi degré; comme il n'en est plus parlé dans
cette *collection*; je sens que M. de St. A. a encore
pu espérer que la plupart de ceux qui la liraient,
ne prendraient pas garde à cette négative de M.
de Gribeauval. Mais comment a-t-il pu imaginer
qu'on ne ferait pas attention à cette grande planche, comparative des piéces anciennes & nouvelles, de 12 & de 8, qu'il a placée à la fin de
cet ouvrage , qu'il a encore mise à celui-ci ,
qu'il a même fait répandre seule de tous côtés,
comme offrant une preuve sensible & décisive de
la construction vicieuse des nouvelles piéces?

Cette planche fait voir au premier coup d'œil ,
que loin d'avoir donné plus d'élévation à la culasse des piéces nouvelles, elle est au contraire
plus basse que celle des anciennes ; qu'il en est
de même du bourrelet ; que par conséquent ce n'est
point de cette part que les piéces nouvelles ont
reçu ce *demi degré d'élévation* , que M. de St A.
porte même quelquefois à *deux tiers*.

Cette même planche fait voir encore, qu'on n'a point donné non plus ce demi degré d'élévation, en inclinant de cette quantité dans le forage, l'axe de l'ame sur celui de la piéce, comme M. de St. A. le fait entendre aux pages 110 & 159, où à l'occasion de cette élévation prétendue, il s'exprime d'une maniere vraiment curieuse. (*)

_____

(*) Page 110. « Aussi les pièces de canon, fusils, carabi-
» nes, mousquetons, pistolets, &c. qui ne seraient pas *forés*
» *horisontalement dans leur construction*, ne pourraient pas être
» reçues pour le Service du Roi, ainsi que le prescrivent tous
» les Réglemens & Ordonnances, tant sur les fontes que sur
» la fabrication des autres armes à feu. »

Les Réglemens & Ordonnances n'ont jamais parlé de *forer horisontalement*. Ils n'ont jamais supposé que cela pût se faire autrement. Une pièce, une arme quelconque, peut être forée de travers, par rapport à son axe. Elle est alors incontestablement de rebut, à moins que le superflu d'épaisseur ne donne le moyen de remédier à ce défaut; mais M. de St. Auban est le premier, du moins après l'Auteur de cet *appendice* si faussement attribué à M. de Valliere, qui ait imaginé, qu'en *construisant* une pièce, on ait jamais pu déterminer qu'elle serait forée de travers, hors de ce qu'il appelle l'*horisontale*, & se jetter par-là, de propos délibéré, & sans aucun avantage, dans l'inconvénient d'une inégale répartition de matiere, qui rendant la pièce plus faible d'un côté que de l'autre, la ferait infailliblement périr en peu de tems.

Mais c'est à la page 159 qu'il faut voir comme à ce sujet M. de St. Auban régente l'Auteur du Nouveau Système.

» Cet Auteur, *à qui l'on doit supposer*, dit-il, des connais-
» sances sur les effets de la poudre dans les armes à feu, &
» *qui ne veut pas sans doute faire illusion*, doit sçavoir que
» toutes les pièces ainsi construites seraient vicieuses, défec-
» tueuses, & à resetter, puisqu'elles priveraient du plein
» fouet & des ricochets que procurent les pièces longues &
» anciennes forées cilindriques & *horisontalement*, depuis le

fur les inconvéniens qu'il y auroit à ne pas forer une arme fuivant fon axe , qu'il appelle *l'hori-zontale*.

Mais ce qui acheve fur-tout de déterminer la conviction fur cet article , & de prouver que c'eft avec connoiffance entiere que M. de S. A. a cher-ché à égarer fes Lecteurs, c'eft la *table eftima-tive de but - en - blanc primitif* qu'on trouve page 38 de ce *Recueil de quelques petits ouvrages*, que M. du Pujet a joint à fon *Effai fur l'Artillerie*; Re-cueil qui fans doute partage à fes yeux , avec ce célèbre *Effai* , l'avantage d'être le Code de l'Artillerie.

. Dans cette Table, qu'en attendant une beaucoup plus complette, M. du Pujet donne pour apprendre *le Canonier* à eftimer *le but-en-blanc primitif*, & à augmenter ou à diminuer *l'angle de projection* , lorf-que toutefois *il aura bien reconnu fi l'ennemi eft de niveau, au-deffus ou au-deffous de la batterie*; dans cette Table, dis-je , on voit que l'axe de l'ancienne piéce de 12 , & la ligne qui paffe par le fommet de la culaffe & du bourrelet, c'eft-à-dire, la ligne de tir & la ligne de mire, forment enfemble un angle de 1°. 2 ' ; tandis que dans la nouvelle piéce , le même angle n'eft que de 58 '.

» fonds de l'ame jufqu'à la bouche. *Il n'y a pas de Militaire* ,
» pour peu qu'il ait de l'expérience , qui ne connaiffe tous les
» avantages, tant pour le canon que pour les autres armes,
» du feu rafant & horifontal ; auffi les armes à feu de toute
» efpéce font-elles *forées* cilindriques dans toute leur longueur
» *intérieure*; & c'eft à ne point s'écarter *de l'exacte horifontale*,
» que les Fondeurs pour les pièces de canon , les Foreurs pour
» les canons de fufils , de carabines , de moufquetons & de
» piftolets , donnent leur principale attention.

Elle annonce de même, par rapport au calibre de 8 , que l'angle formé par les mêmes lignes pour l'ancienne piéce, est de 1°., tandis que pour la nouvelle, il n'est encore que de 58'.

. Enfin par rapport au calibre de 4 , elle dit que cet angle est de 58', pour la piéce ancienne, comme pour la nouvelle.

Tout concourt donc à prouver, que c'est non-seulement contre toute vérité , mais malgré les preuves du contraire, très-connues de M. de St. A., fournies même par lui, qu'il a accusé les Auteurs du Nouveau Syftême d'avoir *ingénieusement* incliné l'ame des nouvelles piéces, *pour faire paraître* les portées de ces piéces *aussi étendues* que celles des anciennes de même calibre.

Il en résulte que la seule objection, fondée sur des faits vrais, que fasse M. de St. A. contre le Nouveau Syftême, relativement à la diminution de portée , est celle qu'il déduit des inconvéniens , qu'il prétend devoir se suivre de la réduction du vent des boulets , par laquelle on a prétendu que ce Syftême, non-seulement rachetait ce que le ra-courcissement des piéces pouvait faire perdre à cet égard, mais même se procurait des portées supérieures à celles dont les partisans de l'ancienne Artillerie annoncent qu'on était si content dans les dernieres guerres,

Il conviendrait, peut-être, de discuter tout de suite ces inconvéniens, pour achever d'anéantir l'objection à laquelle maintenant ils peuvent seuls donner quelques apparences de réalité ; mais cette discussion ne pouvant se faire, sans entrer dans des détails assez étendus sur les nouveaux boulets, je crois devoir la renvoyer à l'article, où pour répondre à ce que M. de St. A. objecte contré cette partie du Nouveau Systême, je serai obligé d'en traiter particulierement. Elle nous écarteraît trop , pour le moment , de l'examen des autres inconvéniens principaux , qu'il prétend se suivre de l'allégement des piéces.

Passons à l'examen de ceux qui regardent la justesse.

§. I I.

De la diminution de justesse imputée par M. de St. Auban au Nouveau Systême. Faits & raisonnemens employés par lui à ce sujet.

M. de St. A. prétend à la page 85 , où il annonce par un titre , qu'il traite spécialement *de la justesse du tir* : « Que les piéces nouvelles... attendu leur » peu de longueur, ont, *par elles-mêmes* , une in-» certitude de tir , qui n'est *pas même contestée* par » leurs partisans, qui se *contentent d'assurer* que la » justesse de leur tir est *suffisante....* Doit-on les » en croire *sur leur parole*? ajoute-t-il ....

Non , sans doute , on ne doit pas *les en croire sur leur parole* ; l'objet est trop important pour qu'on s'en tienne à des *paroles*, à des promesses. Mais ils l'ont si peu *demandé*, que tous procès-verbaux à part , que sans égard même , ni à la réduction du vent, qui augmente évidemment la justesse, en diminuant les ballottemens du boulet dans la piéce; ni aux nouveaux instrumens, qui évidemment encore , rendent le pointage à la fois plus précis & plus prompt, ils ont prouvé par le seul raisonnement, de la maniere la plus générale, que des piéces, même plus courtes que les leurs; c'est-à-dire, telles

que celles du Roi de Pruſſe, qui ſont plus courtes
de quatre calibres, ont *par elles-mêmes*, non pas
une certitude, une juſteſſe *ſuffiſantes*, dans le ſens
que le préſente M. de St. Auban; mais une juſteſſe
rigoureuſe, égale à celle des piéces qu'il propoſe
pour modele.

Ils l'ont prouvé; 1°. Quant au pointement, par
l'exemple des alidades, employé par M. du Pujet,
page 31 de ſon *Eſſai ſur l'Artillerie*, pour ſoutenir
la même theſe que M. de St. A. & tourné contre lui,
à la page 120 de *l'Artillerie Nouvelle*; par la raiſon
que les plus courtes piéces ont beaucoup plus de
longueur que les plus longues alidades; & que
cependant les alidades ſervent à déterminer des
alignemens ſouvent plus étendus que les plus longues diſtances, où le canon peut porter avec quelque juſteſſe, & incomparablement plus délicats. En
effet, le canon en bataille, tire ſur des objets qui
ont au moins cinq pieds de haut, tandis que les
alignemens qu'on prend avec des alidades, abou-
tiſſent ſouvent à des voyants, qui, à 800 & 1000
toiſes, n'ont quelquefois pas un pied de ſurface.

2°. Ils ont prouvé la juſteſſe de ces piéces, quant
à la direction que le boulet reçoit par le chemin qu'il
parcourt dans l'ame de la piéce; car ſe fondant, à
cet égard, ſur l'exemple des Obuſiers & des Mortiers, ils ont obſervé que ces deux armes donnaient
de juſtes directions à leurs bombes; & que cependant la premiere n'avait que trois calibres de longueur, & la ſeconde, un & demi. Voyez *l'Artillerie
nouvelle*, *Lettres ſur l'Artillerie*, & plus particulierement *l'Etat actuel*, pages 21 & 22.

Paſſons maintenant à ce qu'on peut conſidérer
comme objections de la part de M. de St. A. contre
ces

ces raifons, dont l'expofition prouve au moins, que les partifans de l'Artillerie légere n'ont pas exigé qu'on *les crut fur leur parole*; c'eft-à-dire, fur le témoignage des procès-verbaux des épreuves de Strafbourg.

L'inferiorité de portée des piéces nouvelles, dit M. de St. A. quelques lignes avant le pailage que je viens de citer : » obligeant *de forcer le degré* pour » atteindre *à un but*, où les anciennes portent de » *but-en-blanc*, rend néceffairement leur tir *variable* » *& incertain*, fur-tout quand il s'agit de frapper des » objets d'une *épaiffeur* auffi peu confidérable que » le font des troupes en bataille, fur trois hommes » de hauteur; incertitude qu'elles ont d'ailleurs *par* » *elles - mêmes*, attendu leur peu de longueur qui » n'eft pas même contestée par leurs partifans, &c.

Il eft hors de doute, que fi des piéces de même calibre, & inégales en longueur, ont le même but-en-blanc, il faudra donner plus d'élévation à la plus courte, ce que M. de St. A. appelle *forcer le degré*, pour la faire porter à la même diftance que la plus longue, fur-tout fi l'on fuppofe, comme on le doit, que ces deux piéces feront tirées avec des boulets de même vent, & chacune avec la charge qui lui eft la plus favorable.

Mais s'enfuit-il que le tir de la piéce courte *fera variable & incertain* ? S'enfuit-il, fur-tout, que cette variation, cette incertitude foit attachée à la nature des piéces courtes, qu'elles l'aient *par elles-mêmes, attendu leur peu de longueur*, pour me fervir des expreffions de M. de St. A. ?

Si on voulait faire porter au-delà de leur but-en-blanc particulier ces mêmes piéces longues, qu'il femble donner pour avoir la juftefle en partage, &

D

l'avoir exclufivement, ne faudrait-il pas auffi leur faire *forcer le degré ?* Alors ne perdraient-elles pas cette juftesse, fi, comme il le prétend, elle ne leur appartient que dans le cas où elles tirent de but-en-blanc ?

Si l'on voulait faire atteindre de but-en-blanc les piéces courtes au même terme où les anciennes portent de but-en-blanc, ne fuffirait-il pas de renfler un peu leur culasse ? Leur but-en-blanc ne ferait-il pas prolongé par ce renflement feul, fans qu'il fut befoin de leur donner plus de longueur ? Pourrait-on dire alors que la piéce a changé de nature ? Pourrait-on dire que fon tir *variable & incertain* auparavant, eft devenu jufte ? Que de mauvaife piéce qu'elle était, elle eft devenue bonne ?

Il faudrait affurément pour cela, faire voir qu'il y a des principes qui établiffent mathématiquement le rapport du diametre extérieur de la culaffe d'une piéce à celui de la volée. M. de St. A. ne cite rien à ce fujet, ni du Traité *rigoureux* de M. Euler, ni de celui de M. du Pujet, ni enfin, du *Sire de Preifac*, qui font fes principales autorités. Le favant Anonime, qui dans *l'Appendice* dont il fait tant d'éloges, a fi ingénieufement reffufcité M. de la Valliere le pere, pour lui faire attaquer le nouveau Syftême de l'Artillerie, a bien prétendu que les piéces de l'Ordonnance de 1732 avaient *par leur conftruction* le privilége de tirer en but-en-blanc, & il a recommandé en conféquence, *d'approcher autant qu'on pourrait de cette conftruction du but-en-blanc, fi l'on voulait tirer jufte.* Mais ce favant n'ayant rien démontré à cet égard, M. de St. A. n'aurait pu tirer avantage de fon autorité, qu'auprès des gens qui fe payent d'affertions.

Il y a cependant une chofe qu'il faut que je lui
accorde à ce fujet. C'eſt que plus la culaſſe d'une
piéce fera renflée par rapport à fa volée, plus fon
but-en-blanc fera éloigné, plus l'axe de la courbe
décrite par le boulet, aura d'élévation.

C'eſt particulierement à la page 109 que M. de
St. A. cherche à faire valoir cette objeйion. Je crois
toujours devoir citer fes expreſſions; car outre que
cela eſt plus exaйt, elles offrent prefque toujours
des fingularités piquantes, & fort propres à réveiller
l'attention du Leйteur. Les voici.

« Il eſt fans contredit, que plus une piéce de
» canon, de quelque efpece qu'elle foit, fera tirée
» au-deſſus de l'horifon, plus loin elle portera; mais
» fon tir n'étant alors que de *projeйtion parabolique*,
» il privera du feu rafant, & de tous les avantages que
» proйurent les ricochets : ceci ne paraît pas devoir
» être expliqué. Auſſi les piéces de canon, fufils,
» carabines, moufquetons, piſtolets, &c....

Il eſt d'abord aſſez fingulier (M. de St. A. m'en
permettra bien l'obfervation) d'entendre un Artilleur, & un Artilleur conſtitué en grade, tel qu'il
eſt, & fur-tout un Artilleur qui veut inſtruire,
annoncer que le tir d'un canon n'eſt *de projeйton
parabolique* que lorfqu'il eſt tiré au-deſſus de l'horifon. Comme fi un boulet, un projeйile quelconque, fous quelque angle qu'il foit lancé,
pouvait parcourir le plus petit efpace, autrement que par une *parabole*, ou du moins par la
courbe que la réſiſtance de l'air fubſtitue à celle-là.

La conféquence que tire M. de St. A. de cette
projeйtion parabolique, pour priver les piéces courtes
du feu rafant & du ricochet, eſt fans doute aſſez
finguliere auſſi; mais il faut convenir qu'elle l'eſt

D ij

beaucoup moins que le principe fur lequel il la
fondé. Car au moins eft-il vrai que plus le tir s'écarte
de l'horifontale, moins le feu eft rafant, & moins
il y a de ricochet. Mais il s'en faudrait de beaucoup, & M. de St. A. le fent lui-même, que la
différence de longueur qui exifte entre les piéces
anciennes & les nouvelles, pût anéantir cet effet, fi
cette différence ne conduifait qu'à élever la piéce
d'*un demi degré ou deux tiers de degré*, comme il le
fuppofe dans cet endroit, & comme en effet il faudrait bien le faire, fi la réduction du vent ne rendait
aux portées ce qu'elles devraient perdre par le ra-
courciffement des piéces: car, qu'eft-ce qu'un demi
ou deux tiers, fur le nombre de degrés qui fourniffent des ricochets, fur-tout fi ce nombre, comme
le prétend M. du Pujet dans fon *Effai* page 152, *va
beaucoup au-deffus de 13 & de 14 ?*

Telles font les objections, ou plutôt l'objection
unique à laquelle fe réduifent tous les raifonnemens,
les autorités, qu'en faifant prefque toujours marcher de compagnie la portée & la jufteffe, M. de St.
Auban répete aux pages 18, 19, 21, 29, 80, 81,
85, 86, 108, 109, 154, 161, 174, 187 & 200,
pour prouver que le Nouveau Syftême, par la nature des chofes, par une fuite néceffaire du racour-
ciffement des piéces, n'a pu que faire perdre fur la
jufteffe de tir dont on jouiffait avant lui.

Dans ce grand nombre de fois qu'il remanie
cette unique objection, il s'attache conftamment
pour cet objet, comme pour celui de la portée, à
faire confidérer les nouveaux boulets, comme une
chofe à part des nouvelles piéces; quoiqu'il n'ignore
pas, quoique tous les ouvrages écrits pour la défenfe
du Nouveau Syftême, atteftent que c'eft principa-

lement fur la réduction du vent qu'on s'eft toujours fondé, pour foutenir que ce Syftême, loin de faire perdre, avait fait gagner fur ce que l'ancien donnait à cet égard.

M. de St. A. en ufe de même par rapport aux nouveaux inftrumens de pointage, qui entrent pour beaucoup dans cette prétention d'augmentation de juftefle. Il les confidere à part des pièces ; obligé de fuivre fa marche à un certain point, il faudra que je traite de ces inftrumens féparément auffi ; mais j'efpere que fur cet article, ainfi que fur celui de la réduction du vent, dont, par la même raifon, je fuis forcé de traiter à part des pièces, le Lecteur voudra bien fe rappeller, quand nous y ferons, que ces nouveaux inftrumens étant ainfi que les nouveaux boulets des parties auffi indivifibles du Nouveau Syftème que le font les nouvelles pièces, c'eft du jugement qu'il portera fur les inconvéniens que M. de St. A. prétend leur être attachés & devoir en faire fupprimer l'ufage, que dépendra la folution complette des objections, qu'indépendamment de toute expérience, il forme contre la fupériorité de juftefle & de portée, revendiquée par ce Syftème, & à laquelle il fubftitue une infériorité dont le fervice a tout à craindre.

Paffons à la diminution de durée, que toujours par la nature des chofes, & toute expérience à part, il prétend fe fuivre de l'allégement donne aux pièces de campagne.

§. I I I.

*De la diminution de durée imputée aux pièces du
Nouveau Syftême , par M. de Saint - Auban. Ses
raifonnemens à ce fujet.*

Quoique les expériences de Strasbourg n'aient
point eu pour objet de comparer les nouvelles pièces
aux anciennes, ni en général le Nouveau Syftême
à l'ancien , mais feulement ainfi que je l'ai déja dit ,
de déterminer jufqu'à quel point on pouvait porter l'allégement fans nuire à l'eſſentiel du fervice ,
elles oſſrent cependant de quoi prouver , comme on
l'a vu, que les nouvelles pièces jouiſſent , quant à la
portée & quant à la juſteſſe , non-feulement de
l'égalité , mais de la fupériorité fur les anciennes.
Les preuves de raifonnement fondées , comme je
viens de le dire , fur la réduction du vent & les prc-
priétés des nouveaux inſtrumens de pointage, fe
joignent aux preuves fournies par l'expérience.

Mais fur l'art. de la durée , les épreuves de Strafbourg n'offrant aucun terme de comparaifon entre
les pièces nouvelles & les anciennes , il faut abfolument s'en tenir à des inductions. C'eſt ce que j'ai
fait en traitant de cet objet dans l'*Artillerie Nouvelle.*

J'ai confidéré la manière dont les pièces pé-
riſſent ordinairement. J'ai obfervé , ainfi que je
l'ai déjà rappellé , en répondant au Profpectus des
expériences de M. de St. A. , que ce dépériſſe-
ment ordinaire provenait des battemens que les
boulets produifaient dans l'ame. J'en ai conclu d'a-
bord , que puifque les nouveaux boulets étaient

beaucoup plus réguliers, & d'un vent beaucoup
moindre que les anciens, les battemens feraient
beaucoup moins confidérable & moins deftructifs.
D'où j'ai déduit par une conféquence ultérieure,
que les nouvelles pièces dureraient au moins autant que les anciennes, en fuppofant même que
la différence d'épaifleur qui exifte entr'elles pro-
duifît une différence confidérable de durée, au
défavantage des nouvelles ; ce que j'ai annoncé
ne devoir pas être probable, par la raifon que les
enfoncemens, que les battemens de boulets produifent, font dus à la différence de dureté qui exifte
entre le fer & le cuivre, à la molefle de ce dernier métal, molefle à laquelle un peu plus ou
moins d'épaifleur de matière ne rémédie pas.

M. de St. A. ne combat aucune de ces raifons,
il n'en fait pas même mention ; il fe borne à une
fimple objection, que je crois devoir mettre fous
les yeux du Lecteur, dans les termes mêmes qu'il
la préfente. Il ne peut voir avec indifférence ce
nouvel échantillon de la théorie de M. de St.
Auban, & de la juftefle de fes raifonnemens.

" Toutes les Loix du mouvement, de la ba-
„ liftique, & les expériences fur les effets de la
„ poudre, montrent, dit-il, page 203, que les
„ pièces courtes doivent réfifter *plus long-tems* que
„ des pièces longues, lorfque les épaifleurs ne
„ différent pas autant que différent celles du Nou-
„ veau Syftême avec celles de l'ancien.

„ La pièce *courte* doit durer *plus long-temps*
„ qu'une *longue*, parce que dans la pièce qui eft
„ plus courte, il ne s'y enflamme qu'une certaine
„ quantité de poudre, au lieu que dans la pièce
„ plus longue, il s'y en enflamme une plus grande

„ quantité : donc la plus longue oppofe *plus* de
„ réſiſtance aux efforts de cette plus grande quan-
„ tité de poudre „.

Je prens la précaution de marquer par des ca-
caĉtères particuliers les mots *pièces courtes*, *pièces
longues*, *plus long-temps*. Je le fais, afin que mes
Leĉteurs ne s'imaginent pas que je me fuis trompé
en tranfcrivant, comme j'ai cru moi-même m'être
trompé en lifant la premiere fois, & avoir pris
les mots *courtes* pour *longúes*, & *plus long-temps*
pour *moins long-temps*.

Il eſt affurément peu d'erreur auſſi pardonnable. Car comment s'imaginer qu'ayant réellement pour objet de prouver qu'un des principaux
inconvéniens des pièces courtes eſt de durer *moins*
que les pièces longues, M. de St. A. aille mettre
en jeu *les Loix du mouvement*, *la baliſtique*, &
la théorie des *effets de la poudre*, pour *montrer
que les pièces courtes doivent réſiſter* PLUS *long-
temps que des plus longues*.

Il eſt vrai qu'il ajoute : *lorſque les épaiſſeurs ne
different pas autant que different celles du Nouveau Syſtéme avec celles de l'ancien*.

Mais on lui demandera les limites de cette différence. On lui demandera comment ces limites
peuvent devenir telles, qu'il en réfulte un effet
direĉtement contraire, que ce qui était *plus* devienne *moins*. Il n'y a point d'exemple pareil du
pouvoir des *limites*.

Prévenu par ce préambule, que ce que M. de
St. A. veut prouver, c'eſt que la pièce courte
doit durer *plus* long-tems que la pièce longue,
on croit encore fe tromper lorſqu'on le voit conclure par ces mots : " donc la plus longue oppoſe

„ *plus* de réfiftance aux efforts de cette plus grande
„ quantité de poudre.

Car fi la pièce longue oppofe *plus* de réfiftance, elle a *plus* de durée.

On voit bien que ce n'eft pas là ce qu'il a
voulu dire ; que c'eft même le contraire. On voit
que fon idée était que la pièce courte ne per-
mettant pas à la charge de s'enflammer auffi com-
plétement que le fait la pièce longue, elle a moins
d'effort que cette dernière à effuyer de la part de
cette inflammation.

Mais que M. de St. A. me permette de lui re-
préfenter que fon idée n'eft pas plus jufte que fon
expreffion. Mais un Officier Général d'Artillerie,
un Infpecteur d'Artillerie comme lui, n'ignore fûrement pas, ou du moins ne doit pas ignorer que
la charge varie néceffairement fuivant la longueur
de la pièce. Or, fi cela eft, la *certaine quantité
de poudre* qui s'enflammera dans la pièce courte,
fera proportionnelle à celle qui s'enflammera dans
la pièce longue. Donc ces deux pièces, fuivant
fon langage, *oppoferont une égale réfiftance* aux
efforts de la poudre, ce qui en termes clairs fignifie qu'elles réfifteront, qu'elles *dureront* également: conclufion affurément fort différente de la
fienne.

Peu content vraifemblablement de cette premiere preuve, qui en effet n'eft pas fort *rigou-
reufe*, ni quant à la forme, ni quant au fonds;
M. de S. A. lui en fait fuccéder deux autres; ce
qui peut s'appeller faire fon thême en trois façons.
Je crois devoir encore préfenter au Lecteur ces
deux façons, toujours fans y changer un mot. Je
e prie toujours de vouloir bien obferver, que

ce ne font pas des objections que M. de St. A.
fe fait à lui-même, & que fon deffein eft de prouver que les pièces courtes durent *moins* que les
longues. Voici la premiere de ces deux autres dé-
monftrations.

« Le boulet dans la pièce courte ayant un efpace
» beaucoup moins étendu à parcourir, n'a point au-
» tant de balottemens, ni autant de chocs vifs & ré-
» pétés contre les parois, que dans une piéce plus lon-
» gue. Donc cette derniere fouffre *beaucoup plus* ».

Cette feconde démonftration a évidemment fur
l'autre l'avantage de la clarté dans l'expreffion; mais
c'eft fon feul avantage, car il eft évident qu'elle prouve, ou du moins qu'elle tend à prouver, directement
le contraire de ce que M. de St. A. veut prouver.

Voyons enfin la troifieme démonftration, par laquelle M. de St. A. veut prouver que les piéces
courtes durent *moins* que les longues.

« Il eft bien plus facile dans la fonte d'une piéce
» courte, dit-il toujours en pourfuivant, page 203,
» de diftribuer à la culaffe & aux autres parties de
» la piéce, le métal, de maniere qu'à une moindre
» longueur, cette piéce réfifte *plus* que ne réfifteroit
» une plus longue ».

« Un piftolet réfifte plus qu'un fufil.... ». On voit
encore que cette troifieme démonftration tend,
comme les deux autres, à prouver que les piéces
courtes durent *plus* que les longues.

Mais celle-ci, je fuis forcé de l'avouer à ma
honte, paffe abfolument les bornes de mon intelligence. Rien ne peut me faire deviner comment cette
diftribution, ou *répartition* de métal, pour me fervir du vrai terme, eft plus *facile* pour une pièce
courte que pour une longue; ni comment la facilité

de cette répartition peut faire *résister*, peut faire durer davantage une pièce.

L'exemple que cite M. de St. A., du pistolet comparé au fusil, loin de m'éclairer, m'embarrasse encore plus ; car les pistolets & les fusils n'étant point faits avec de la *fonte*, il ne peut être question pour les premiers d'une supériorité de solidité provenant *de la plus grande facilité de distribuer* cette fonte à la culasse & aux autres parties.

C'est à la suite de cet exemple des fusils & des pistolets, qu'après avoir employé trois démonstrations à prouver que les pièces courtes sont *de plus de résistance*, de plus de durée que les longues ; il conclut par dire : «Mais comme il y a trop de disproportion entre » les épaisseurs des nouvelles pièces & les épaisseurs » des anciennes, on est très-assuré que les nouvelles » *ne dureront pas autant* que celles de même calibre » de l'Ordonnance de 1732, & il est nécessaire pour » s'en convaincre de les pousser à bout les unes & les » autres jusqu'à destruction ».

Ce n'était assurément pas la peine d'attester *les loix du mouvement*, celles de la *Balistique*, la Théorie des *effets de la poudre*, ni d'essayer de démontrer de trois façons, que les pièces courtes, par la nature des choses, doivent résister *plus*, durer *plus* que les longues, pour donner à la fin comme *pure assertion*, que les pièces courtes du Nouveau Système feront exception à une loi établie, démontrée avec tant d'appareil.

§. I V.

Objections de M. de St. Auban sur l'augmentation de recul provenant de l'allégement de l'Artillerie.

Quoique l'augmentation de recul produite par

l'allégement des pièces foit un inconvénient inconteftable, cependant c'eft celui de tous dont M. de
St. A. paraifle le plus difpofé à faire grace au Nouveau Syftême ; du moins eft-ce celui fur lequel il
revient le moins fouvent.

Après avoir parlé à ce fujet (page 20) du fiége
de Meppen, où dans la derniere guerre il comman-
dait l'Artillerie ; *fiége heureufement de peu d'importance*, comme il le dit fort bien. Il cite pages 20,
21, l'expérience qu'il a fait faire *au Poligone de
Grenoble, à la vue de plus de quatre-vingt Officiers
& d'un bataillon entier de Canoniers.* Enfuite aux
pag. 79 & 80, où un titre annonce qu'il traite par-
culierement du recul, il déduit les inconvéniens qui
naitront de fon augmentation.

Ces inconvéniens fe réduifent à l'embarras d'employer les nouvelles pièces dans des terreins étroits,
tels que les terrepleins des petites redoutes, les
remparts des petites places, les bords de ravins en
plein champ.

Il eft d'abord évident que quant aux terre-pleins
des petites redoutes, & les remparts des petites
places, comme l'emplacement du canon y fera
prévu, il y aura un remede fort fimple, ce fera de
donner plus de relief aux plate-formes, ou au terrein qui en tiendra lieu. L'application de ce remede
dépendra de l'Officier d'Artillerie, qui doit favoir
régler le recul de fa pièce.

En bataille, il faut en convenir, ce remède ne
pourra avoir lieu. Mais auffi les champs de bataille
ne font pas des pelouzes bien unies & battues comme le terrein de l'Ecole de Grenoble, où M. de St.
A. a fait fon expérience. Ce font encore moins des
planchers pareils à ceux que pour une pareille épreu-

ve, on avait conſtruits à Douay en 1771 , & dont par une attention toute particuliere & propre à faciliter ce recul, les Madriers avaient été diſpoſés de droit fil ſous la croſſe des piéces.

Le recul ſera donc beaucoup moindre ſur les champs de bataille qu'il ne l'a été dans ces épreuves recherchées. Cependant il pourra l'être encore trop pour qu'on puiſſe acculer les nouvelles pièces à un ravin, à une chauſſée, à un eſcarpement, comme le demande M. de St. A. en laiſſant à ce recul toute ſa liberté.

Mais alors pourquoi la lui laiſſer ? Quatre coups de pioche ſous la croſſe & ſous les roues de chaque pièce, rendront ce recul ſi court qu'on voudra. Les affuts ſouffriront: cela eſt inconteſtable;mais comme leur ſolidité eſt telle qu'ils ſoutiennent quarante coups de ſuite avec la croſſe & les roues enterrées, on n'aura pas à craindre qu'ils manquent, comme en pareil cas feraient infailliblement les anciens affuts.

Dans toutes les choſes d'uſage , il faut reconnaître des bornes, & une balance d'inconvéniens, laquelle eſt néceſſairement déterminée par la commodité. M. de St. A. préfere , à cauſe du moindre recul, une pièce de 12 ancienne peſant 3200 à une piéce de 12 nouvelle peſant 1800. Cette même raiſon du moindre recul, s'il n'y reconnaît des limites, lui fera préferer une pièce peſant quatre ou cinq milliers à celle qui en peſe trois. Cette ſupériorité de poids lui évitera une fois, deux fois dans une campagne les petits embarras attachés aux poſitions ſerrées dont il eſt queſtion ; mais elle le jettera cinquante fois dans l'inconvénient plus grand , de ne pouvoir pas arriver ou d'arriver trop tard, ou de faire battre inutilement les troupes chargées de l'eſcorte de ſon Artillerie.

Mais ce qui détermine de la maniere la plus certaine la balance de l'inconvénient du recul, ainsi qu'on l'a déja dit cent fois, c'est l'exemple des Pruffiens & des Autrichiens, qui ont une Artillerie, les uns de moitié, les autres d'un tiers plus legere, & par conféquent plus reculante que la nôtre, & qui cependant viennent de faire une guerre longue & vive, fans que cet inconvénient du recul que M. de St. A. préfente comme décifif contre nos pièces nouvelles & qui le ferait bien plus contre les leurs, les ait engagés à revenir fur l'allégement qui produit ce recul.

On a déja cité cent fois cet exemple décifif. M. de St. A. non feulement n'y répond pas, mais argumente, comme fi on n'en avait jamais parlé.

§. V.

Objections de M. de St. A. fur l'inconvénient de ne pouvoir mettre les nouvelles pièces en batterie.

Ne pouvoir mettre des pièces en batterie, lorf-qu'on ne peut s'en fervir que de cette maniere, c'est fans doute un grand inconvenient, puifqu'il conduit à rendre alors nul le fervice de ces pièces. On imagine aifément avec quelle affurance M. de St. A. triomphe de cet inconvénient, qu'il annonce comme indifpenfablement attaché aux pièces nouvelles, comme fe fuivant néceffairement de leur ra-courciffement.

En admettant d'abord cet inconvénient comme néceffaire, remarquons qu'il ne tombe que fur les pièces de 12 ; car les pièces de 4 anciennes, & même celles de 8, quelque longues qu'elles foient, n'ont

pas affez de longueur pour ne pas détruire prom-
ptement les joues de l'embrâfure. Or les pièces de
12, dans le Nouveau Syſtème comme dans l'Ancien,
ne forment au plus qu'un quart de l'équipage.

Maintenant que cette objection eſt réduite à ſa
valeur, quant au nombre de pièces qu'elle regarde,
je pourrais lui appliquer les raiſonnemens que je
viens de déduire ſur le recul, & faire voir, par
l'exemple ſi déciſif des Pruſſiens & des Autrichiens,
que ſi le raccourciſſement des pièces conduit néceffairement à ne pouvoir s'en ſervir en embrâfure,
il faut que cet inconvénient ſoit de moindre confidération que ceux qui ſe ſuivent de la peſanteur
produite par une plus grande longueur, puiſqu'il
n'a fait revenir aucune de ces deux Puiſſances ſur
ſes pas à cet égard, quoique l'Artillerie de l'une ſoit
d'un neuviéme, & celle de l'autre de près d'un quart
plus courte que la nôtre.

Mais les perſonnes un peu inſtruites en Artillerie,
me pardonneront aiſément de ne pas entrer dans
ces diſcuſſions. Elles ſavent que dans les redoutes,
dans les retranchemens de campagne, on met toujours le canon à barbette : elles ſavent que c'eſt à
tort que M. de St. A. ſuppoſe que des pièces courtes,
non ſeulement comme le ſont les nouvelles pièces
de 12, mais même comme le ſont celles de 4, ne
peuvent entrer en embrâfure. L'obſtacle eſt le rouage. On le met à bas dans ces circonſtances très-
rares, & on arrange la pièce de façon que portant
ſur ſon eſſieu, elle recule ſur des longerons ou lam-
bourdes qu'on diſpoſe pour la ſoutenir.

Il eſt difficile d'imaginer que M. de St. A. ignore
cette maniere d'employer paſſagerement en embrâfure des pièces qui, telles que les anciennes de

4 & de 8 , font trop courtes pour y fervir avec leur
rouage. Ces cas là font très-rares à la guerre : mais
quand on fert depuis quarante cinq ans ; quand on
a rendu les innombrables fervices dont il a préfenté
l'état au Public l'année derniere, il eft difficile qu'on
ne fe foit pas trouvé dans le cas de s'inftruire de cét
expédient. Mais fur cet objet, comme fur tant d'autres, fans doute que M. de St. A. a préféré le plaifir
d'embarraffer les perfonnes qui ignorent le fervice
de l'Artillerie, à la fatisfaction de faire briller fes
connaiffances.

SECTION SECONDE.

*Examen des autorités employées par M. de St. A.
contre l'allégement de l'Artillerie. Le Roi de Pruffe,
le Roi de Danemark. Avec quel fondement.*

» Nous avons vu chez les Puiffances étrangeres,
» dit M. de St. A. page 151 , beaucoup de petits
» canons dont l'effet (& j'ofe le dire affirmative-
» ment) ne nous avait pas *feulement été fenfible* à la
» guerre. La *légereté prétendue* de leur marche, pour-
» fuit-il, *a furpris la folidité de notre raifonnement,*
» & on a propofé en France comme une nouveauté,
» les *anciens* défauts de nos voifins, *defauts qu'ils*
» *travaillent journellement à corriger.* On peut fur
» cela écouter le Roi de Pruffe , & s'informer de ce
» qui s'eft paffé en Dannemarck fur l'Artillerie de-
» puis l'avénement du Roi actuel au trône ».

Mais c'eft aux pages 73 , 74 & 75 qu'il fournit les
preuves de l'abandon que le Roi de Pruffe & le Roi
de Dannemarck ont fait récemment de ces canons,
dont *la légereté prétendue avoit furpris la folidité de*
leur

leur raisonnement, & de l'empressement avec lequel
ils travaillent à se corriger journellement de ces an-
ciens defauts.

La preuve de cette résipiscence, quant au Roi
de Prusse «, c'est dit-il, que ce Prince fait traduire en
» Allemand *l'Essai sur l'usage de l'Artillerie de siege*
» *& de campagne* de M. du Pujet, pour servir d'ins-
» truction, non seulement à ses Officiers d'Artille-
» rie, mais même à ses Généraux, comme différens
» écrits publics viennent de l'annoncer ».

En admettant pour un moment cette preuve comme fondée, M de St. A. permettra qu'on lui ob-
serve qu'elle ne serait pas concluante. On peut fort
bien faire traduire un ouvrage, sans en approuver
toutes les idées. Je ne vois pas trop quelles sont celles
qui pouraient engager le Roi Prusse à faire traduire
l'Essai de M. du Pujet, à le proposer comme *instruc-*
tion, non seulement à ses Officiers d'Artillerie, mais
même à ses Généraux. Il serait fort etrange que l'objet de cette Traduction, de cette *instruction*, fût de
leur apprendre que l'Artillerie avec laquelle ils ont
remporté tant de victoires dans deux guerres con-
sécutives, de laquelle leurs ennemis ont été obligés
de le rapprocher, que cette Artillerie avec laquelle
ils sont au moment de combattre si la guerre à lieu,
puisque c'est la seule qui existe dans les Arsenaux de
Prusse, que cette Artillerie, dis-je, est très-mépri-
sable, qu'elle est de nulle valeur.

Il est à présumer du moins que si le Roi de Prusse
pensait ainsi, si au lieu de succès soutenus, il avait
éprouvé, comme nous, des malheurs presque con-
tinuels qu'il pourrait attribuer en partie à son Artillerie, il s'en procurerait une autre, avant d'instruire de son erreur des rivaux qui étant demeurés

E

exempts des mêmes défauts , ou qui les ayant porté moins loin , feraient avertis par-là de profiter de fa faibleffe.

Pour faire croire d'un prince comme lui, une pareille inconfequence , il faut , avec la permiffion de M. de St. A. , des autorités un peu plus graves que des *Ecrits Publics* ; c'eft-à-dire des Gazettes, qu'il ne fe donne pas même la peine de citer.

Quant à ce qui concerne le *retour* du Roi de Danemarck de la *prévention* où était fon Prédéceffeur, *fur les pièces courtes & legeres*, c'eft M. de St. A. qui nous fert d'autorité. Il nous conte dans une note page 74 : » Que M. Hout , Général d'Ar- » tillerie , fous l'autorité du Prince de Heffe, *foup-* » *çonnant avec raifon* que ces pièces ne pouvaient » avoir les mêmes avantages que des pièces lon- » gues & plus pefantes, a obtenu du Roi de les » faire éprouver toutes , *au poids du boulet* pour » chaque calibre ; & que la plus grande partie n'ayant » pu y réfifter, *Sa Majefté Danoife* a ordonné que » ces pièces fuffent refondues, & portées par la » fuite aux dimenfions, telles *à peu-près* que l'Or- » donnance de 1732 les a portées en France, *en leur* » *donnant toutefois un peu plus de longueur & de* » *poids.*

» Le même Général Hout, pourfuit M. de St. A. » a obtenu que les Obufiers Danois, ci-devant d'un » poids très-léger , fuffent refondus beaucoup plus » longs & beaucoup plus pefants , afin d'éviter le » *trop grand recul* , & de donner *plus d'étendue aux* » *portées : ce qui n'eft que l'exécution de ce que M.* » *de Valliere propofe dans fon Appendice* ».

Si M. de St. A. eut annoncé ce recit , comme a fait le précédent, pour être tiré des *Ecrits pu-* *bli*cs, il m'aurait épargné un grand embarras. Cu peut prendre avec un Gazetier une liberté à laquelle il faut renoncer avec un Officier Général. Cependant, ou il faut que je prenne avec M. de St. A. cette liberté abfolument contraire à tous les égards, à tous les ufages ; ou bien il faut que je l'amene à convenir que M. le Général Hout, ce que je fuis très-éloigné de penfer, a très-peu d'ufage de la guerre, ou que les connaiffances qu'il y a acquifes ne font pas dans le cas de faire loi pour la Pruffe, l'Autriche & nous, en un mot, pour l'Europe militaire.

Ce Général, felon M. de St. A., *foupçonnait que les pièces courtes & légeres ne pouvaient avoir les mêmes avantages que des pièces plus longues & plus pefantes.*

Il avait affurément grand tort de ne faire que *foupçonner* ; pour peu qu'il eut de connaiffance d'Artillerie, il devait être très-certain que les *avantages* de ces deux fortes de pièces ne peuvent être *les mêmes.*

L'épreuve qu'il a faite, *au poids du boulet*, de ces piéces qu'il *foupçonnait ne pas avoir les avantages des pièces longues & pefantes*, n'était propre qu'à vérifier leur folidité, & même leur folidité particuliere, c'eft-à-dire, celle de la matiere dont elles avaient été coulées, & non celle de leurs proportions.

La plus grande partie de ces pièces, ajoute M. de St. A., *n'a pu réfifter* à cette épreuve. Qu'il me permette de lui demander, s'il eft bien fûr de fon Correfpondant en Dannemarck. Il femble annoncer que cette épreuve n'a été que d'un feul coup. En ce cas il fallait que ces pièces fuffent d'une qualité bien déteftable. En annonçant auffi pofitivevement un fait d'une pareille conféquence, M. de St. A. a fûrement fenti de quelle coupable négligence au moins, il chargeait le Miniftre qui avait préfidé à une conftitution d'Artilleie, qui compromettait la fûreté du Dannemarck d'une maniere fi étrange.

L'ouvrage de M. de St. A. n'a paru qu'au mois de Mars dernier. Mais ce qu'il dit de l'Artillerie de Dannemarck, me perfuade qu'il était compofé avant le mois d'Octobre, & que s'il n'y a pas fait de changement fur cet article, c'eft que la révolution furvenue à cette époque, a trop multiplié les objets de fes foins, pour qu'il put penfer à tous.

SECTION TROISIEME.

De la prétention de plus de légereté à la guerre, formée par M. de St. Auban pour l'enfemble de l'Ancien Syftéme, comparé avec l'enfemble du Nouveau.

Convenant, comme on vient de voir, & comme il faut bien que fafle M. de St A., que les pièces anciennes pefent environ le double des nouvelles, de calibre à calibre ; convenant en outre, comme on verra bientôt, que les effieux de fer & les boîtes de cuivre qui ont été données, non-feulement aux affuts, mais à toutes les voitures de campagne, rendent le charroi beaucoup plus roulant, puifqu'il en argumente, comme on verra encore, pour tâcher de prouver que par-là le charroi eft devenu plus fatiguant ; le comble de la furprife eft, fans doute, de le voir après cela prétendre que l'Ancien Syftême a plus de mobilité, plus de légereté à la guerre, que le Nouveau.

C'eft fingulierement aux pages 87, 88 & 89, qu'il tâche de juftifier cette prétention, la plus étonnante de toutes celles qu'on lui ait vu former jufqu'ici. Il la fonde fur le raifonnement fuivant, que pour plus de briéveté à la fois, & plus de clarté, il me permettra de ne préfenter qu'en fubftance. Les Lecteurs curieux de le voir tel qu'il eft, pourront recourir aux pages que je viens d'indiquer. Le voici tel que j'ai pu le faifir.

Le Nouveau Syftême met en campagne autant de pièces de 12, que l'Ancien en employait de 8; & autant de 8, que celui ci en employait de 4.

Or, les pièces nouvelles de 12, montées fur leurs affuts, pefent plus que les anciennes de 8; les nouvelles pièces de 8, pefent de même plus que les anciennes de 4.

Donc, aux anciennes pièces de 12 près, l'Ancien Syftême fera plus mobile que le Nouveau ; nonfeulement quant aux pièces, mais même quant aux munitions, qui, felon M. de St. A., font ce qu'il y a de plus embarraffant.

Dans cette comparaifon de l'enfemble de l'Ancien Syftême, avec l'enfemble du Nouveau, M. de St. A. commence par oublier le canon de 16, que l'Ancien Syftême menait en campagne, & que le Nouveau a relegué fur les derrieres de l'armée. Cet oubli eft d'autant moins pardonnable, que cette réforme du canon de 16, des équipages de campagne, a fouffert de la part des défenfeurs des vieux ufages, les plus grandes difficultés, & que ces difficultés ont été ramenées dans la difcuffion jugée par MM. les Maréchaux, comme le fait voir *la Collection autenque*, page 17.

Or, il n'y a pas d'Artilleur, il n'y a pas de Roulier qui ne convienne, qu'une voiture chargée d'un poids de 4200 livres, qui eſt celui d'une pièce de 16, ſera plus ſujette à s'embourber, que ne le ſeront cent autres voitures chargées chacune de 1800 liv. qui eſt le poids de la nouvelle pièce de 12, la plus lourde de celles qui entrent dans les équipages du Nouveau Syſtême ; ſur-tout ſi le poids de 4200 n'eſt reparti que ſur deux roues, comme il ſe trouve aux aux affûts de 16, & que celui de 1800 le ſoit ſur quatre roues, ainſi que l'eſt effectivement celui des nouvelles pièces de 12, au moyen de l'encaſtrement de route.

Cette premiere conſidération de l'exiſtence du canon de 16 dans les équipages d'Ancienne Artillerie, tandis qu'elle n'a pas lieu dans les nouveaux équipages, ſuffit pour enlever à l'Ancien Syſtême l'avantage de la mobilité. Car l'Artillerie marchant en file & enſemble, il s'enſuit que la néceſſité d'attendre le canon de 16, & de l'attendre ſouvent très-longtems, rendrait nulle la mobilité des calibres inférieurs, en admettant que ceux de l'Ancien Syſtême peuvent à cet égard concourir, avec ceux du Nouveau, comme le prétend M. de St. A.

Ce que je viens de dire du canon de 16, peut s'appliquer au canon de 12 long, que M. de St. A. convient bien faire partie d'un équipage à l'ancienne ; mais ſans faire nulle mention des retards que ſon poids de 3200, qui ne repoſe que ſur deux roues, doit produire d'abord, pour ce canon même, & enſuite pour les pièces de 8 & de 4 longues, qui marcheront à ſa ſuite, & ſur leſquelles M. de St. A. fonde la légereté de l'Ancien Syſtême, relativement au Nouveau.

Conſidérons maintenant cette prétention, en

faifant, ainfi que M. de St. A. abftraction de l'embarras que le 16 & le 12 long doivent caufer dans
les marches, & fur-tout en bataille, où l'on ne
peut les dépofter qu'avec des chevaux.

Il compare les anciennes pièces de 8 aux nouvelles de 12, & les anciennes de 4 aux nouvelles de 8,
en faifant néceffairement abftraction des différences
d'effets qui réfultent des différences de calibre ,
tant pour le boulet que pour la cartouche, & en
ajoutant à cette première claufe, une autre claufe,
non moins néceffaire, favoir, que ces pièces de 12
& de 8, d'une part, & de 8 & de 4, de l'autre,
feront confidérées les unes & les autres fur leurs
affuts.

En effet, par cette dernière claufe, il fe trouve
que la nouvelle pièce de 12, qui, fans affut,
eft de 300 liv. plus légère que l'ancienne de 8, eft
alors plus pefante qu'elle d'environ 25 livres ; &
que la nouvelle de 8, qui de même fans affut, eft
de 50 livres environ plus légère que l'ancienne de
4, eft alors d'environ 200 livres plus pefante.

Cette différence de pefanteur produite par les
fous-bandes, les chevilles & les boulons, dont on a
renforcé les nouveaux affuts, & fur-tout par les
effieux de fer & les boîtes de cuivre, qu'on leur a
donnés pour les rendre plus mobiles; cette différence de pefanteur n'eft pas fort confidérable,
comme on voit ; mais enfin elle l'eft affez pour
que rigoureufement on doive accorder à M. de
St. A. qu'en mettant de côté le 16 & le 12, comme
je viens d'en convenir, les équipages de l'Ancien
Syftême, confidérés quant aux pièces, auront l'a-
vantage du moindre poids fur ceux du Nouveau,
confidérés de même.

Mais auront-ils pour cela celui de la mobilité ?
C'eft ce qu'on n'accordera pas, je crois, quand on
faura que la différence qui réfulte à cet égard, des
effieux de fer & des boîtes de cuivre, eft telle, que
l'ancienne pièce de 4, quoiqu'effectivement moins
pefante que la nouvelle de 8, comme nous venons
de le dire, ne peut abfolument fe manœuvrer à
bras ; tandis que non feulement celle-ci, mais même
celle de 12, qui pefe environ moitié en fus, font
très-manœuvrables.

Cette différence extrême de mobilité entre les
anciennes pièces & les nouvelles, ne furprendra pas
les perfonnes un peu inftruites de ce qui concerne le
charroi, ou même celles qui auront été feulement
dans le cas de remarquer que telle poutre, tel bloc
de pierre, qu'on ne peut mouvoir qu'avec des forces
immenfes, fe remue, fe tranfporte avec facilité,
quand on eft parvenu à le placer fur des rouleaux.

Mais ce que la prétention de M. de St. A. quant à
la fupériorité de mobilité pour l'Ancien Syftême, a
de plus étonnant, c'eft la maniere dont il s'y prend
pour l'appuyer. Il a fenti que les Lecteurs les moins
inftruits en Artillerie ne manqueraient pas de lui
obiecter que fa comparaifon des pièces anciennes
de 8 aux nouvelles de 12, & des anciennes de 4
aux nouvelles de 8, fuppofait que la différence de
calibre était indifférente, ou du moins de peu de
conféquence à la guerre. Pour les tranquillifer à
cet égard, il pouvait recourir au raifonnement qui
lui aurait fourni les reffources qu'il en a tiré fur
les autres objets. Mais fe méfiant enfin fans doute
de ces reffources, il a préféré une voie bien plus
courte, c'eft d'affurer tout fimplement que les
partifans même des pièces courtes reconnaiffent

que cette différence de calibre eft de nulle importance.

Mais il convient que je cite les termes dans lefquels M. de St. A. donne cette affurance. C'eft à
la page 89, où il dit : » Les pièces de 8 & de 4
» longues , portent du propre aveu des partifans
» des pièces courtes, auffi loin , & des coups auffi
» meurtriers que les pièces de 12 & de 8 courtes ».

Et pour que cet *aveu des partifans des pièces
courtes* , foit plus remarquable , il a l'attention de
mettre ce paffage en caractères italiques.

Il eft très-naturel de demander la preuve d'un
aveu qui jette néceffairement ces *partifans* dans
des contradictions difficiles à expliquer. Cette page
89 & les fuivantes n'en offrent aucune. Mais comme
M. de St. A. vient de la donner à la page 82 , on ne
peut pas trouver mauvais qu'il ne la répete pas ; ni
même qu'il ait cru inutile de la rappeller. Je crois
encore fur cette preuve , devoir citer fes propres
expreffions. Les voici :

« Ces détails (ceux des épreuves de Strafbourg)
» contiennent un aveu bien furprenant, relative-
» ment à cette même pièce de quatre longue : *toutes
» nos épreuves font foi* , difent-ils, *qu'elle porte auffi
» loin , & des coups auffi meurtriers que le huit court ;
» on pourrait en conféquence fe fervir du quatre long ,
» au lieu du huit court* ».

M. de St. A. a cru devoir encore rendre plus
remarquable cet *aveu* , renfermé dans le détail des
épreuves *de Strasbourg* , en le diftinguant par le ca-
ractère italique ; & pour l'appuyer par une citation
encore plus précife , il termine ce paffage , en ren-
voyant fon Lecteur à une note qui contient ce qui
fuit :

» Feu M. de Mouy allait bien plus loin, il difait
» hautement, & penfait que fi l'on faifait des
» expériences de bonne-foi, dans lefquelles fans
» aucune partialité, fans rufe & fans adreffe, on
» amenât les procédés au même point d'égalité de
» part & d'autre, on verrait que la pièce de quatre
» longue & ancienne l'emporte fur celle de douze
» courte & légere, tant pour l'étendue des portées
» que pour la juſteſſe du tir, effet qui, d'après tous
» le principes, doit néceſſairement arriver, puiſ-
» que la pièce de quatre longue & ancienne a
» quatre pouces de longueur plus que la pièce de
» douze nouvelle ».

A commencer par le texte de M. de St. A., il
agréera qu'on lui demande quels font *les détails* des
épreuves de Straſbourg *qui avouent que la pièce de*
4 *longue porte auſſi loin, & des coups auſſi meur-*
triers que le 8 court.

J'en ai en main de ces *détails* qui font directement contraires à l'aſſertion de M. de St. A., & qui
font fignés de tous les Commiſſaires des Epreuves.
J'en ai un entr'autres, qui a été remis à Mrs. les Maréchaux de France, lors de la difcuſſion des deux Syſ-
têmes. Son titre eſt : *Réfultat des Épreuves de Stras-*
bourg en 1764. L'Editeur de la *Collection autentique*
n'a pas voulu le joindre aux autres Mémoires de
cette Collection, de peur apparemment qu'il ne
devint trop *autentique.* Mais comme il exiſte dans
les mains d'un grand nombre de perſonnes, furtout
du Corps de l'Artillerie, cela ne diminuera rien de
l'autenticité de ma citation.

Il eſt conſtant par ce Réfultat : 1° que l'on n'a
point comparé la pièce de 4 longue à la pièce de 8
courte. 2°. Qu'en admettant que la portée de la

premiere de ces pièces foit auffi étendue que celle
de la feconde , fuppofition difficile à caufe de l'é-
norme différence qui regne entre les charges & les
boulets de chacune, il s'en faudra cependant beaucoup que les coups de la pièce de 4 longue puiffent
être auffi meurtriers que ceux de la pièce de 8 courte.
Car fans parler du tir à boulet, dont la différence
fera de peu de confidération à la vérité, quand on
tirera fur des troupes, mais le deviendra quand il
s'agira de brifer des obftacles ; en fe bornant en un
mot au tir à cartouches, ce *Réfultat* prouve, que
la groffe cartouche de 8 porte 50 toifes plus loin
que la groffe de 4; & que la même différence de
portée exifte entre la petite cartouche des mêmes
calibres. Il prouve de plus que la petite cartouche
de 8 eft de 112 balles ; tandis que celle de 4 n'eft
que de 63.

Si donc les *partifans des pièces courtes* ont *avoué*,
comme l'affirme M. de St. A, *que la pièce de 4 longue*
portait des coups AUSSI MEURTRIERS que la pièce
de 8 courte, ils ont *avoué* le contraire de ce qu'ils
ont figné, & M. de St. A. fent qu'une pareille affertion ne s'admet pas fans preuve.

Paffons à la note, où pour appuyer cette affertion, il prétend que *feu M. de Mouy difait haute-*
ment & penfait, que la pièce de 4 longue l'emporte,
non feulement fur celle de 8 courte, mais même
fur celle de 12, tant pour l'étendue des portées que
pour la juftefse de tir.

J'aurai d'abord l'honneur d'obferver à M. de St.
A. que l'on peut lui accorder, que M. de Mouy ait
tenu ce difcours fi avantageux à la pièce de 4 longue, fans qu'il en refulte qu'il *penfait* que cette pièce
porte *des coups auffi meurtriers* que la pièce de 8 ,

& encore moins que la pièce de 12 courte. Car fans revenir fur ce que nous avons tant rebattu fur cette fupériorité de portée & de juftefle des pièces longues fur ces pièces courtes, il reftera toujours la différence qui regne pour le tir à cartouches, entre le calibre de 4 & les calibres fupérieurs; différence conftatée par M. de Mouy lui-même, puifqu'il préfidait aux épreuves de Strasbourg, & puifqu'en cette qualité, fa fignature eft à tous les Réfultats & Procès-Verbaux.

Mais cette fignature, répondra M. de St. A. ne fignifie rien. M. de Mouy craignait, (page 65 & 66) *de choquer les promoteurs du Nouveau Syftême... il craignait en refufant fa fignature, ce qui en ferait arrivé pour lui-même tout Lieutenant-Général qu'il était, malgré l'eftime & la confidération juftement méritée qu'il s'était acquife... Cette crainte lui fermait la bouche fur toutes ces innovations, que fon expérience, fes talens & fon application à fon métier, ne lui permettaient certainement pas d'approuver.*

M. de St. A. prouve tout cela par une lettre de M. de Mouy à M. du Pujet, dans laquelle on voit en effet, comme il l'annonce, que par le même motif de *crainte il lui confeille de ne pas publier des vérités contraires à ces nouveautés.*

Si l'on admet l'autenticité de cette lettre, il s'en fuivra évidemment, que M. de Mouy a pu penfer que les pièces anciennes de 4 & de 8 portaient des coups *auffi meurtriers* que les nouvelles pièces de 8 & de 12, quoiqu'il eut figné le contraire aux Procès-Verbaux & Réfultats des épreuves de Strasbourg. D'après cela l'on ne pourra blâmer M. de St. A. d'avoir fait une diftinction de ce que cet Officier général *penfait* d'avec ce qu'il *difait hautement.*

Mais alors, quelle conféquence pourrait-on tirer de la *penfée*, de l'opinion d'un homme aflez lâche pour figner le contraire par la *crainte de ce qui en pourrait arriver*?

Tous les Commiffaires des Epreuves de Strasbourg vivent, excepté M. de Mouy. Tous ont perfilté dans ce qu'ils ont figné; & cela malgré les perfécutions que plufieurs d'entr'eux ont effuyées à l'époque de 1772 à 1774. En profitant de l'impunité avec laquelle on peut faire parler les morts, M. de St. A. ne pouvait-il faire tenir à M. de Mouy un langage oppofé à celui de tous fes coopérateurs; ne pouvait-il en faire un partifan de fes opinions, fans flétrir fa mémoire?

ARTICLE SECOND.

Objections de M. de S. Auban contre la multiplication de l'Artillerie.

Il femble que la fupériorité du nombre dans une arme quelconque, doit devenir décifive, chaque fois que toutes chofes égales d'ailleurs, les circonftances permettent de déployer cette fupériorité C'eft d'après ce principe, que je croyais incontestable, que j'ai tenté de juftifier la multiplication d'Artillerie, où nous nous fommes jettés. Pour cela, j'ai tâché de faire voir que cette multiplication était une fuite, non pas du Nouveau Syftême d'Artillerie, mais du Nouveau Syftême de Guerre, adopté par les Puiffances rivales de la nôtre; lefquelles ayant beaucoup augmenté leur feu, femblent nous avoir mis dans la néceffité d'augmenter le nôtre, au moins fur une proportion approchante.

M. de S. A. combat ce principe par le raìſonnement & par l'autorité, comme il a fait celui ſur
lequel j'ai prétendu fonder l'allégement. Voyons
ſi ce ſera avec plus de ſuccès. Commençons toujours
par le raiſonnement.

SECTION PREMIERE.

*Raiſonnemens de M. de St. Auban contre la
multiplication de l'Artillerie.*

« Les vrais Connoiſſeurs en tactique, qui peu
„ vent, dit M. de St. A., (page 72) ſainement ju
„ ger du ſoutien reſpectif que ſe doivent les dif
„ férentes armes, annoncent malheur à la Nation
„ qui fera conſiſter ſa principale force dans ſon
„ feu. Ils prédiſent qu'elle ſuccombera tôt ou tard
„ contre celle qui agira ſur d'autres principes „.

« Cette vérité bien établie, pourſuit-il, je ne
„ vois pas pourquoi nous multiplierions notre Artil
„ lerie à l'infini. Laiſſons ce préjugé aux Nations
„ qui peuvent devenir nos ennemies, & gardons
„ nous bien de les en faire revenir. Qu'elles fon
„ dent, qu'elles amaſſent telles quantités qu'elles
„ voudront de ces pièces courtes & légeres, &c.

M. de St. A. continue cette déclamation, en
ſuppoſant toujours comme prouvé, comme une
vérité bien établie, qu'il arrivera *malheur à la
Nation qui fera conſiſter ſa principale force dans ſon
feu*. Il ne s'embaraſſe pas de nous expoſer les reſ
ſources, par leſquelles les *vrais Connaiſſeurs en
tactique* ſe propoſent de balancer les avantages qui
doivent évidemment réſulter d'un feu ſupérieur,
ou les moyens qu'ils nous fourniront pour le braver

impunément. L'examen de *l'Ordre profond*, celui des boucliers de cuir de M. de Saxe, celui des armes défenfives de M. de Mezeroi : tout cela aurait pu l'engager trop loin. Il a cru devoir laiſſer le foin de ces pénibles difcuſſions aux *vrais Connaiſſeurs en tactique*, & s'en tenir à difcourir, comme on vient de voir.

Cependant aux pages 91, 92 & 93, où à propos des pièces de bataillon, il revient encore fur cette multiplication d'Artillerie fi blâmée par les *Connaiſſeurs en tactique*; il annonce qu'il ne s'en remet *plus* à eux feulement pour attaquer le doublement qu'on a fait de cette efpece de pièces. Une queſtion particuliere avec une réponſe à mi-marge, fuivie de cinq articles numérotés, femblent annoncer au moins cinq raifonnemens.

Le numéro 1. commence par rappeller, Laufeld, Raucou, Haſtembek, en un mot, les batailles des deux dernieres guerres. Il ne s'agit ni de détails, ni de faits particuliers. Les noms fuffifent : & M. de St. A. conclut que dans toutes ces batailles, les ennemis *ayant retiré peu d'avantage* de la multiplication du canon de Régiment, nous ne devons pas en efpérer plus de fruit. De-là il paſſe à plaider chaudement la caufe de *la valeur & de la bravoure des troupes Autrichiennes*, qui fe trouveraient en effet compromifes, fi la citation qu'à leur fujet, il fait en caractères italiques, d'un Mémoire de *l'Auteur du Nouveau Syſtème*, était fidele (*). Cela

_____

(*) Le Mémoire que cite M. de St. Auban eſt un de ceux qui furent rémis à MM. les Maréchaux de France, lors de la difcuſſion de la Nouvelle & de l'Ancienne Artillerie. Ce Méle conduit à parler de la valeur Française, qui selon lui n'a pas besoin de canon, & qui, par la même raison, pourrait se passer de fusil ; & voila son premier numero rempli.

Le second est beaucoup plus court : il se borne à dire " qu'il est évident pour tout Militaire qui „ voudra bien se reprefenter une armée en bataille „ fur deux lignes avec une réserve, que plus des deux „ tiers de ces pièces de Régiment, feront inutiles „ dans les plus rudes & les plus longues actions.

Je me garderai bien de contester cette assertion à M. de St. Auban, mais j'aurai l'honneur de lui ob-

---

moire a pour objet les inconvéniens qui doivent résulter de ce cinquième de pièces de 4 longues, qu'il a été en effet décidé qu'on mêlerait à la portion de pièces de Régiment qui entre dans la composition du canon de parc ou de réserve.

Avant de faire fentir que les pièces de 4 longues, non-feulement ne rempliraient pas l'objet essentiel du remplacement du canon de Régiment consommé ou enlevé par les événemens de la guerre, mais même que ces pièces n'étant pas manœuvrables à bras, leur mêlange dans la ligne romprait la célérité & la légéreté de la manœuvre générale, que les gargousses enfin & les cartouches ne pouvant être les mêmes, il en réfulterait tous les embarras d'un calibre particulier, fans avoir aucun avantage particulier. M. de Gribeauval dit en propres termes : « J'ignore jufqu'à quel point nos troupes prendront ›› confiance dans cette Artillerie ; mais j'ai vu en Autriche ›› que d'après l'expérience, on n'ofait plus remettre en ligne ›› des troupes qui avaient essuyé ce malheur, qu'après leur ›› avoir remplacé leurs pièces. ››

Dans la citation de M. de St. Auban, en caractères italiques, ce font les troupes qui n'ofent plus fe montrer en ligne ; & c'est sur cette différence d'expression qu'il fonde sa déclamation en faveur de la valeur & de la bravoure des troupes Autrichiennes.

ferver

ferver qu'il eft également *évident pour tout Mili-* *taire*, que *plus des deux tiers* de l'Infanterie & de la Cavalerie qu'on met en ligne *dans les plus ru-* *des actions*, font *inutiles*, où du moins n'agiffent pas ; ce que fans doute M. de St. A. entend par être *inutile*. Faut-il en conclure qu'on doit reformer les deux tiers de l'Infanterie & de la Cavalerie ?

Dans fon troifieme numéro, il perd de vue les inconvéniens de ce doublement des piéces de Ré-giment, qui fait fon objet ; & il revient fur la pré-tendue infériorité ou fupériorité de jufteffe, que nous avons tant rebattue, que je n'ofe plus en parler au Lecteur.

Il obferve enfuite " que ce canon *fera fans effet* „ *en marchant*, qu'il n'aura fouvent pour objet que „ les intervalles des bataillons ennemis ; que plus „ fouvent encore, il ne pourra être dirigé *à caufe* „ *de fa propre fumée*, *& de celle que fera le feu* „ *des bataillons*, *qui eux-mêmes s'en trouveront in-* „ *commodés* ; qu'enfin, fi on les mene à une charge „ vive, ily aura tant de Canoniers hors de combat, „ qu'il faudra les abandonner „.

. Dans toutes ces objections, qui dénuées de tout raifonnement ne font que des allegations, M. de St. A. oublie qu'elles peuvent fe rétorquer contre le canon long, qu'elles vont même à prouver qu'il ne faut point mener de canon en bataille.

Il continue fur le même ton, & il fait le même oubli dans le quatrieme numéro, où il parle de l'embarras que caufera le canon de Régiment, de fon *bruit qui empêchera les troupes d'entendre le* *commandement*.

Le cinquieme numero fe réduit à affurer que *c'eft tromper l'Infanterie pour un tems, que de vouloir*

F.

lui perfuader qu'avec ce canon, ainfi multiplié, elle vaincra toujours, & qu'on *en reviendra dès la premiere bataille férieufe.*

C'eft au Lecteur à juger fi ces cinq articles que M. de St. A. annonce pour devoir prouver invinciblement le tort qu'on a eu de multiplier le canon de Régiment, rempliffent leur objet, de maniere à mériter quelque difcuffion. Mais comme dans ce cas, ils pourront y fuffire eux-mêmes, nous pafferons à l'appui qu'après avoir épuifé les raifonnemens, M. de St. A. prétend tirer de l'autorité, fur ce fujet.

SECTION SECONDE.

Autorités employées par M. de St. Auban contre la multiplication de l'Artillerie, le Roi de Pruffe & M. de Mezeroi. Examen de ces deux autorités.

Les deux autorités qu'employe M. de St. A. contre la multiplication de l'Artillerie, font le Roi de Pruffe & M. de Mezeroi. Commençons par le Roi de Pruffe.

Ce n'eft pas la peine de revenir fur la traduction que, d'après les *écrits publics*, M. de St. A. affure que le Roi de Pruffe fait faire actuellement de l'*Effai* de M. du Pujet, & fur les conféquences, que par rapport à la multiplication, ainfi que par rapport à l'allégement de l'Artillerie, il prétend tirer de cette traduction, pour établir que ce Prince, converti par M. du Pujet, a renoncé à ce que fur ces deux articles M. de St. A. regarde comme des erreurs.

Il établit cette converfion au fujet de la multiplication de l'Artillerie par quelque chofe de bien

plus pofitif que de fimples inductions. C'eſt un aveu
formel du Roi de Pruſſe ; c'eſt une lettre de lui à
fon Général Fouquet, qu'il cite pour preuve de la
révolution furvenue à cet égard dans les opinions de
ce Prince. Cette citation eſt trop longue pour que
je puiſſe la rapporter toute entiere ; il me ſuffit
d'annoncer qu'on la trouve aux pages 7 3 & 74 de
l'Ouvrage de M. de St. A. , dans une note qui commence par ces mots : *Vegece a dit* , &c. & que l'objet général de cette citation étant de faire voir
qu'une Artillerie trop nombreuſe eſt auſſi inutile
qu'embarraſſante , les limites de cette expreſſion
vague *trop nombreuſe* , eſt déterminée par la phraſe
ſuivante : « Nous croyons que cent pièces de canon
» de parc, fans compter celles attachées aux diviſions
» de l'armée, en tout deux cens cinquante , ſont
» *plus que ſuffiſantes* pour une armée de 80000
« hommes. »

Il eſt inconteſtable, que ſi telle eſt l'opinion du
Roi de Pruſſe , elle eſt directement contraire à la
multiplication d'Artillerie , dont j'ai dit qu'il avait
donné l'exemple. Car la proportion d'Artillerie ,
que ſuivant le rapport de M. de St. A. il indique,
eſt environ moitié de celle que j'ai annoncée, comme ſuivie par les Autrichiens & lui, & comme ayant
ſervi à régler la nôtre.

Dans la certitude où j'étais que les faits étaient
conformes à ce que j'avais avancé , il ne me reſtait
d'autre reſſource, pour ſortir d'embarras & concilier les actions du Roi de Pruſſe avec ſes écrits, que
de vérifier la citation qu'en fait M. de St. Auban.
Quel a été mon étonnement, lorſque j'ai vu qu'il
donnait comme de ce Prince, comme ſes propres
paroles, comme un oracle précieux de ſa part, un

(84)

commentaire ridicule de l'Editeur de ſes Lettres, lequel ſemblable à un valet qui copie ſon maître tout de travers, ne s'eſt pas apperçu qu'il contrediſait formellement le texte même qu'il voulait commenter.

En effet ce texte porte en propres termes, (p. 25:) « Il faut ſe conformer au Syſtême d'une nombreuſe » Artillerie, quelque embarraſſant qu'il ſoit. J'ai » fait augmenter conſidérablement la nôtre, &c. » Et ce qu'il faut bien remarquer, ce que ni le Commentateur, ni M. de St. A. n'ont remarqué, ou du moins ce dont le dernier s'eſt bien gardé d'informer ſes Lecteurs, c'eſt que le Roi de Pruſſe parle ainſi, après s'être arrêté ſur les avantages que les Autrichiens ont tiré contre lui de cette multiplication d'Artillerie, ſur laquelle ils s'étaient refuſés de l'imiter dans la guerre de 1740, & que dans celle-ci ils avaient portée plus loin que lui.

Il faut convenir que lorſque M. de St. A. s'eſt décidé à faire cette étrange citation, il n'a pas penſé qu'on la vérifierait.

Cependant, pour peu qu'il eût voulu ſuppoſer de tact à ſes Lecteurs, il aurait dû imaginer que quelques-uns d'entr'eux ſe douteraient que quand le Roi de Pruſſe veut raiſonner guerre avec ſes Généraux, il ne va pas chercher *Vegece*, pour leur apprendre *que ce n'eſt ni du nombre, ni d'une valeur aveugle qu'il faut attendre la victoire ; qu'elle ſuit ordinairement dans les combats la capacité & la ſcience des armes ; qu'un petit nombre de troupes rompues aux pratiques de la guerre, vole pour ainſi dire à la victoire*, &c.

Ces lieux communs, dignes à peine du plus plat Rhéteur, & une foule d'autres de même eſpèce,

forment plus des trois quarts de la citation ; le langage à la fois le plus bas & le plus ampoulé , y
étant employé à rendre des idées , qui loin de s'accorder avec la conduite du Roi de Prusse à la guerre,
en feraient la censure , comment M. de St. Aubain
n'a-t-il pas vu , que revoltant nécessairement la foi
des Lecteurs les plus dociles , il les conduirait à s'assurer par eux - mêmes de l'existence d'un texte aussi
singulier ?

Quant à M. de Mezeroi , la citation qu'il fait
de la lettre qu'il lui a répondue en lui adressant son
Ouvrage, paraît au moins conforme aux sentimens
que ce Tacticien célèbre a d'ailleurs annoncé &
soutenu. Il ne peut donc être question que d'examiner s'ils sont bien fondés.

L'objet général de M. de Mezeroy , est il dit dans
cette lettre , « est de prouver que la multiplication
» des pièces , au point où on a paru se le propo-
» fer , quelque soin que l'on prenne de diminuer
» leur pesanteur , & d'alléger les équipages , doit
» apporter à l'armée plus d'embarras que d'utilité. »

Pour cela , après avoir établi « que l'Artillerie est
» pour les Modernes , ce que la Balistique était pour
» les Anciens , en accordant néanmoins à la première
» des effets supérieurs , ce qui , ajoute-t-il , ne dé-
» truit pas la justesse de la comparaison. » Il rap-
pelle que ce ne fut que dans la dégradation de la
Milice Romaine qu'on vit une multitude de machines
de jet suivre les armées.

Il assure ensuite, que si on persévérait dans les
excès auxquels on s'est livré , & dans les faux principes qu'on a pris , on pourrait à coup sûr juger que
nous touchons au terme de la gloire de la nation , que
le moment de la révolution arrive.

Tout cela eſt un peu général, & par conſéquent peu propre à éclaircir la queſtion. L'exemple de la *degradation de la Milice Romaine*, accompagnant la multiplication des machines de jet, ne pourrait *faire juger à coup ſûr qu'on touche au terme de la gloire de la nation*, qu'en faiſant voir par des détails, que *les effets de l'Artillerie* ne ſont pas tellement *ſupérieurs à ceux de la Baliſtique des Anciens*, que la *juſteſſe de la comparaiſon ne ſoit pas abſolument détruite* : or c'eſt ce que M. de Mezeroi n'examine ni dans cette lettre, ni dans aucun de ſes Ouvrages.

Semblable à cet égard, à tous les partiſans de l'Ordre profond, ainſi que je l'ai dit derniérement, en examinant ſon Syſtême en particulier, il établit les principes de la Tactique, avant d'avoir examiné l'eſpèce d'arme qu'on doit préférer, avant d'avoir conſidéré les propriétés de ces armes. Ces propriétés qui devraient préliminairement déterminer le choix de l'Ordonnance, ne ſont conſidérées par lui & par tous les Tacticiens de ſon ſentiment, que comme des difficultés qui doivent ſe prêter à ce choix déterminé indépendamment d'elles. C'eſt abſolument prendre la queſtion à rebours, comme je crois l'avoir prouvé.

En la traitant ſelon la marche que j'ai propoſée, & dont j'ai en même-tems offert un eſſai, on voit aiſément que n'y ayant nulle comparaiſon à faire pour la mobilité, pour la juſteſſe & pour la portée entre les Machines des Anciens & l'Artillerie des Modernes, ſur-tout au point où cette derniere ſe trouve aujourd'hui, les exemples tirés des Romains & des Grecs, & répétés de livres en livres depuis 30 ans que Folard a produit ſon Syſtême informe

d'Ordre profond, ne prouvent pas plus qu'on doit
adopter leur Tactique, que les exemples tirés des
victoires remportées par les Héros des premiers
âges, n'auraient prouvé aux Romains armés d'épées
& de boucliers, qu'ils devaient combattre à la dé-
bandade, comme faisaient ces Héros armés de
pierres & de bâtons.

Ce qu'il faut établir pour prouver que la multiplication de l'Artillerie, au point où on l'a montée, *doit apporter à l'armée plus d'embarras que
d'utilité, quelque soin que l'on prenne d'en diminuer
la pesanteur & d'alléger les equipages* ; c'est que
malgré *ce soin* elle ne pourra suivre les troupes,
ou qu'en lui accordant cette possibilité, son *utilité*
n'ira pas à empêcher l'ennemi d'arriver, en cas
qu'il prenne le parti de se passer de cet *accessoire*,
comme M. de Mezeroi prétend qu'on le peut faire
à la rigueur, & sur-tout d'arriver en ordre profond,
comme si l'on n'avait affaire qu'à des Catapultes.

Or le premier point, savoir la possibilité de faire
suivre les mouvemens des troupes à l'Artillerie alle-
gée étant prouvé par l'exemple des Artilleries Prus-
siennes & Autrichiennes pendant sept campagnes; le
second, c'est-à dire l'impossibilité d'arriver malgré
le feu de cette Artillerie, étant de même prouvé,
non seulement par les calculs contradictoires que
j'ai opposés à ceux par lesquels Mrs. de Menil-Durand & de Mezeroi avaient prétendu démontrer
le contraire, mais même ce qui est encore beaucoup
plus positif, par l'exemple de plusieurs tentatives
faites par le Roi de Prusse, non pas d'arriver, mais
seulement de déboucher sur les Autrichiens, en colonne à la longue portée du canon ; tentatives qui
l'ont toutes conduit à des échecs, & à des échecs très-

considérables ; (*) il s'en fuit que la multiplication de l'Artillerie *apportera dans nos armées beaucoup plus d'utilité que d'embarras.*

On jouera donc, dit M. de Mezeroi dans fa lettre, *à qui abattra le plus de têtes* ; *maniere de combattre affez bizarre,* pourfuit-il, *& avec laquelle les Français n'auront fûrement pas l'avantage.*

Pourquoi eft il plus *bizarre* de combattre avec des armes qui tuent à un certain nombre de toifes de diftance qu'avec celles qui ne tuent qu'à un certain nombre de pieds, qu'à un certain nombre de pouces ?

On jouera à qui abattra le plus de têtes ! eh oui, vraiment. N'a-ce pas toujours été là l'objet du jeu de la guerre, avec quelques armes qu'on y ait joué ? à ce jeu là, comme aux autres, le grand point eft de gagner la partie ; & d'après ce que je viens d'op-pofer aux raifonnemens, aux déclamations, aux au-torités, par lefquels M. de *St. A.* a cherché à prou-ver le contraire, il me femble inconteftable que l'Artillerie multipliée & allégée au point où nous l'avons fait, en nous tenant encore inférieurs fur ces deux articles aux Autrichiens & aux Pruffiens, nous donnera le moyen, fi non de gagner, au moins de ne pas perdre infailliblement la partie.

(*) Entre ces échecs confidérables arrivés au Roi de Pruffe pour avoir voulu braver le feu de l'Artillerie Autrichienne, il faut fur-tout citer Torgau, où il a laiffé plus de vingt mille hommes, fans avoir jamais pu parvenir à déployer fes colones, malgré qu'il s'y foit repris à cinq fois différentes, ramenant toujours fes troupes & toujours repouffé fans pouvoir les mettre en bataille.

ARTICLE TROISIEME.

Du surcroit de dépense attribué au Nouveau Systême d'Artillerie par M. de St. Auban.

Un des plus fréquens argumens de M. de St. A., n de ceux sur lesquels il paraît compter le plus, pour ndre odieux le Nouveau Systême d'Artillerie, dans n tems où tous les soins de l'Admistration se diri- ent vers une économie si nécessaire, où cette ex- ression semble être devenue le mot de ralliement e tous les Citoyens, c'est la dépense *effrayante* u'il prétend que ce Systême doit occasionner, & a éja occasionné à l'état. Cette accusation, dont les rconstances augmentent la gravité, est le sujet de omplaintes, d'exclamations sans nombre dont il a empli les pages 35, 42 & suivantes, 71, 72 & sui- antes. 90, 92, 95, 96, 152 &c.

Il semble que ce n'est pas par des moyens aussi va- ues qu'un Inspecteur Général d'Artillerie devrait nter d'établir de pareilles imputations, mais par es états comparatifs détaillés & bien autentiques ont il n'a sûrement tenu qu'à M. de St. A. de rassem- ler les matériaux, au moins pendant les années 1771, 772 & 1773, où sans contredit il a eu tout pouvoir e pénétrer *ces opérations jusques là mystérieuses & ouvertes de ténébres impénetrables à tout œil que l'on e croiait pas timide ou complaisant* ; comme il le dit la page 11 de son ouvrage.

La production de pareils états a dû paraître d'au- ant plus nécessaire à M. de St. A. qu'il n'ignore as, ni même personne de ceux qui ont donné quel- ue attention à la discussion des deux Systêmes, u'une des prétentions du Nouveau, a été, de tout

tems, une économie confidérable, tant pour la dépenfe de guerre, que pour celle des conftructions
dans les arfenaux, & des radoubs dans les parcs.

Cette prétention pour ce qui regarde les conftructions eft fingulierement confignée dans l'Artillerie Nouvelle, 1ʳᵉ.Partie,Section 6ᵐᵉ.On y explique
comment ces conftructions exécutées avec une exactitude & une folidité, qui ne permettent à cet égard
aucune comparaifon avec les anciennes, font cependant moins cheres. On y rend compte des moyens
par lefquels on eft parvenu à affurer aux ouvriers
une exécution à la fois plus prompte & plus précife
que celle qui avait lieu pour les anciens attirails ;
comment de cette précifion, qui fait le mérite effentiel, le feul mérite véritable de ce genre de conftruction, eft réfulté cette propreté qui étonne les
yeux, & qui les étonnerait même dans des atteliers
particuliers, où le luxe entretient des ouvriers chére-
ment payés.

Il paraîtra, je crois, à tout le monde ainfi qu'à
moi, qu'une prétention établie fur des raifonnemens, des faits détaillés, ne pouvait être conteftée
que par d'autres raifonnemens, d'autres faits également détaillés ; & cependant M. de St. A. n'en
produit aucun.

Il parle à la vérité page 35 *d'augmentation inutilement faite aux affuts en boulons, écrous, fous-bandes,
&c. tous ouvrages de ferrurerie recherchée, qui occa-
fionnent un furcroit de dépenfe auffi confidérable
qu'inutile.*

Mais dans cet endroit, ni dans aucun autre, il
ne fpécifie rien. Il ne dit, ni en quoi confiftent ces
augmentations, ni en quoi elles font *inutiles*, ni
comment elles forment ce furcroit de dépenfe qu'il
prétend.

Ce filence eft fans doute un moyen affuré d'écha-
per à toute difcuffion embarraffante, d'éviter toute
occafion de fe compromettre, ainfi que la caufe
que l'on veut défendre. Mais ce n'eft pas celui de
convaincre des lecteurs impartiaux & réfléchis.

M. de St. A. ufe de la même circonfpection, par
rapport aux dépenfes de campagne. Il ne produit
fur cet article, pas plus que fur l'autre, aucun état,
aucun tableau de comparaifon. Il ne fait même aucun raifonnement qui parte de fuppofitions communes aux deux Syftêmes.

Son grand argument, fon unique argument,
mais fréquemment ramené, c'eft cette augmentation de bouches a feu, qui double environ celle qui
avait lieu précédemment,

Sur cet objet, ainfi que fur prefque tous ceux
qu'il attaque dans le Nouveau Syftême, il ne combat qu'avec les débris des armes ci-devant employées par M. du Pujet Je crois donc pouvoir
lui répondre, en lui adreffant ce que fur cette
même objection, j'ai eu l'honneur de repliquer
à M. du Pujet dans *l'Artillerie Nouvelle*, page
210, 1er Edit. M. de St. A. connait cette replique.
Mais comme la plûpart de fes lecteurs n'ont pas
mis à tout ceci un intérêt auffi vif que lui & moi,
elle fera d'autant plus nouvelle pour eux, qu'il ne
leur en annonce feulement pas l'exiftence.

L'objection de M. du Pujet diffère de celle de M.
de St. A. feulement en ce que pour la rendre plus
impofante, le premier a cru devoir l'accompagner
d'un tableau comparatif entre l'équipage deftiné à
l'Armée de Flandres en 1748, lequel était de 156
bouches à feu, & celui que le Nouveau Syftême def-
tine à une Armée de cent bataillons, telle qu'était

l'Armée de Flandres ; au lieu que M. de St. A. s'eſt
paſſé de ce Tableau. Mais comme loin d'affaiblir
l'objection, il la fortifie, ce ſera jetter ſur la queſtion un jour plus complet que de conſerver ma ré-
plique, telle qu'elle eſt.

„ Il réſulte de votre tableau , qu'il y aura,
„ comme vous dites, *plus de dépenſe en metal, en*
„ *façon de pièces, en conſtruction d'affuts & de caiſ-*
„ *ſons* &c. pour former un équipage dans le Nou-
„ veau Syſtême, qu'il n'en a couté pour former celui
„ de Flandres en 1748. Car l'équipage qu'on for-
„ merait à préſent montant à 400 bouches à feu,
„ tandis que l'autre ne montait qu'à 156, ce dernier
„ a dû coûter moins cher.

« Si c'eſt là ce que vous avez prètendu ſeule-
» ment prouver, ce n'était pas la peine d'employer
» l'appareil impoſant d'un Tableau. Car en toute
» eſpece de choſe, 400 coûtent toujours plus que 156.

« Mais ſi vous avez prétendu qu'on conclut de
» là que le *même* équipage conſtruit en 1748, coû-
» terait davantage à le conſtruire dans le *Nouveau*
» *Syſtême*, parce que ce *Syſtême* entraînait plus
» de dépenſe dans toutes les conſtructions ; c'eſt
» ce qu'on ne vous accordera pas, au moins les gens
» inſtruits.

« Car tous ceux qui ont été à portée de ſuivre
» les travaux de nos Arſenaux, ont vu la vérité
» de ce que j'ai expoſé en rendant compte des nou-
» velles conſtructions, & ſont bien convaincus que,
» quoiqu'il n'y ait aucune comparaiſon à faire pour
» la ſolidité & la préciſion entre les attirails nou-
» veaux & les anciens, les premiers, de quelque
» eſpece qu'ils ſoient, ſont moins chers que les
» autres, ſi, comme on vous l'a déja dit, vous en

» exceptez les caiſſons, qui, différant beaucoup des
» anciens pour la ſolidité, différent cependant très-
» peu de prix avec eux ».

» Et cela vient, ainſi qu'on vous l'a dejà dit
» auſſi, de ce qu'autrefois l'on ne veillait à rien,
» on n'imaginait rien, de ce qu'on s'en rappor-
» tait à des chefs d'atteliers qui n'avaient que des
» mains & des bras; & de ce qu'aujourd'hui veil-
» lant à tout, imaginant tout, on a trouvé des
» moyens qui conduiſent la main de l'ouvrier & lui
» facilitent cette préciſion rigoureuſe ſi néceſſaire
» à la juſteſſe des aſſemblages, à la facilité des re-
» changes que vous ne connaiſſiez point autrefois;
» & qui là lui facilitent au point qu'elle lui coûte
» beaucoup moins de tems & de peine que cette
» préciſion groſſiere qu'autrefois on n'exigeait pas
» de lui; car alors on n'exigeait rien, mais qui lui
» était au moins néceſſaire pour les aſſemblages
» très-imparfaits dont on ſe contentait...... Mais
» vous ſavez tout cela mieux que moi ».

» Que prétendez-vous donc encore une fois nous
» faire croire? que le *Syſtême Nouveau*, en multi-
» pliant l'Artillerie beaucoup plus qu'elle ne l'était
» dans la guerre de 1740, jettera l'Etat dans une
» dépenſe plus conſidérable, On vous l'accorde.

» Mais que ce ſoit le *Syſtême de la Nouvelle Ar-
» tillerie* qui ſoit cauſe de cette multiplication de
» bouches à feu qui jette l'Etat dans une nouvelle
» dépenſe? non ».

» C'eſt au Nouveau Syſtême de guerre qu'il faut
» imputer cette dépenſe. C'eſt lui qui vous force à
» mettre ſur pied cette Artillerie nombreuſe ſans
» laquelle vous ne pouvez plus faire la guerre; c'eſt
» lui qui vous oblige à l'alléger, à la mettre dans la
» ligne, à la manœuvrer avec plus d'intelligence

» & d'activité que par le paſſé ; comme il vous a
» obligé de multiplier vos troupes légeres, ainſi qu'à
» manœuvrer votre Cavalerie & votre Infanterie
» avec bien plus de légereté & de préciſion ; &
» le tout ſous peine d'être battu.

Si M. de St. A. ne convient pas, du moins ſes
Lecteurs & les miens conviendront pour lui, j'eſ-
pere, que cette réponſe à M. du Pujet répond com-
plétement aux objections ſi rebattues par les Partiſans de l'Ancien Syſtême ſur l'excès de dépenſe
qui regnera à la guerre, entre ce Syſtême & le
Nouveau.

A préſent que je crois avoir répondu aux objections qui ont pour objet l'enſemble du Nouveau
Syſtême, quant à la partie machine ; paſſons à celles qui portent ſur les parties de détail.

ARTICLE QUATRIEME.

*Objections de M. de St. Auban contre les parties
de détail du Nouveau Syſtême.*

SECTION PREMIERE.

Des nouveaux boulets.

*Si la réduction du vent qui les diſtingue principale-
ment des anciens, les expoſera, comme le prétend
M. de St. A., à ne pas entrer dans les pièces, lorſqu'ils ſeront enſabotés, ou lorſqu'ils ſeront chauffés
pour tirer à boulet rouge ; ſi l'opération du* battage
*eſt due au Nouveau Syſtême ; ſi elle eſt nuiſible,
comme il l'aſſure ; & ſi à cet égard il eſt fondé à
ſe prévaloir de l'autorité de M. de Buffon. Nouvelles expériences faites à ce ſujet.*

Les conſéquences avantageuſes ou nuiſibles, qui
dépendent de la préciſion & du moindre vent, par

où les nouveaux boulets different des anciens, étant
entrées pour beaucoup dans les objections que M.
de St. A. a faites sur l'infériorité de justesse & de
portée, qu'il prétend se suivre du Nouveau Système,
& dans les réponses que j'ai faites à ces objections ;
il me reste, ainsi que j'en ai prévenu le Lecteur, à
éclairer son opinion, & à achever de fixer ses doutes sur ce que j'ai été forcé d'établir comme de pures
assertions, afin de diminuer un peu la complication
& l'embarras qu'il semble que M. de St. A. a pris à
tâche de répandre sur cette discussion.

Les inconvéniens qu'il trouve à la précision, où
par une administration généralement plus soignée,
& sur-tout par les nouveaux instrumens de récep-
tion, on les a amenés.

C'est 1°. *que la rouille en un an ou dix-huit*
mois augmentera le volume de ces boulets, au point
de les empêcher d'entrer dans les pièces. p. 25 & 26.

C'est 2°. que la croix de fer blanc qui les attache au sabot de la gargousse suffira, (page 26) pour
les obliger *à se refuser aux pièces..... en cas qu'une*
feuille de fer blanc se trouvant du double plus épaisse
que les feuilles ordinaires, ne soit pas rejettée par les
hommes employés à la construction des gargousses.

C'est 3°. que *les pièces elles-mêmes* se refuse-
ront aux boulets, par l'embarras que cause dans
l'ame de la pièce, (page *idem*) la crasse que la
poudre y dépose après un certain nombre de coups.

C'est 4°. *l'impossibilité de se servir de boulets*
trop justes pour incendier, (page 25).

La premiere de ces quatre objections serait fondée
sans contredit, si les boulets étaient exposés dans
nos parcs, comme le sont quelques pièces de cô-
tes, à essuyer toute l'activité des brouillards salins

de la mer , & même à être fouvent baignés par fes vagues. La rouille a'ors agiffant rapidement & fur une épaiffeur confidérable , exfolie le fer , & ces feuilles foulevées forment un gonflement qui augmente confidérablement fon volume.

Mais nos boulets n'étant dans le cas d'effuyer que des pluyes & des rofées d'eau-douce , M. de St. A. a dû remarquer que la rouille n'y agit que très-lentement,& que la faible croute qu'elle forme, ou fe détache d'elle-mêine journellement , & par-là diminue le calibre du boulet , au lieu de l'aug-menter ; ou que fi elle refte, elle n'adhére pas affez pour ne pas tomber, en paffant par les différentes mains qui contribueront à enfaborer le boulet.

- Il ne fera donc pas néceffaire , pour parer à ce premier inconvénient , *de conferver les boulets nouveaux dans des lieux exempts d'humidité , ni de les mettre à l'entretien comme les armes.* Comme le propofe M. de St. A. page 26.

Venons à la feconde objeĉtion , qui porte fur l'embarras où il prétend que peut jetter la ren-contre de quelques feuilles de fer blanc trop épaif-fes , employées mal-à-propos à enfaboter les nou-veaux boulets , & fur la crainte de fe retrouver par-là dans le cas où l'on fe trouvait quelquefois ci-devant , par les boulets trop gros ou irréguliers , que le peu de foin ou l'infuffifance des inftru-mens de calibrage expofaient à préfenter inutile-ment aux pièces , & même à y introduire , fans pouvoir achever de les enfoncer.

Sur cet article , ainfi que je l'ai déjà fait pour plufieurs autres , je fuis forcé d'annoncer que c'eft de gaiété de cœur que M. de St. A. cherche à inquiéter fes Leĉteurs , ceux du moins que la né-ceffité cessité de choisir entre son unique autorité, & celle des Officiers Généraux & Particuliers qui ont signé les Résultats des Epreuves de Strasbourg, se sont décidés à croire provisoirement à ces Résultats, jusqu'à ce que M. de St. A. ait justifié de quelque maniere l'outrageante allégation, que ces Officiers ont employé *l'adresse*, & n'ont cherché *qu'à faire illusion*.

Car les résultats de ces épreuves annoncent en propres termes " qu'on a présenté des cartouches „ de tous les calibres dans des pièces d'un dia- „ metre exact, (*par conséquent du calibre le plus* „ *étroit possible*), & que l'on a trouvé que dans „ dans toutes ces pièces, l'on pouvait mettre dans „ le vent du boulet *six* épaisseurs de fer blanc, „ *non-comprises les deux de la croix qui fixait le* „ *sabot au boulet*.

Ces mêmes résultats leur auraient encore appris, que la multitude d'essais faits, lors de ces épreuves, avec des boulets d'une ligne de vent, montés sur des sabots, ne pouvait laisser non plus la moindre inquiétude à ceux qui n'étant point Artilleurs, auraient ignoré que l'écouvillonage qu'on fait nécessairement à chaque coup, & que le rafraîchissement qu'on employe, même en bataille, quand le service devient vif & soutenu, ne permettent jamais à la crasse d'acquérir assez d'épaisseur pour occuper une ligne au logement du boulet.

Enfin, M. de St. A., ne peut pas ignorer, que pour parer de la maniere la plus certaine aux maladresses ou aux erreurs en ce genre, il a été décidé qu'on aurait dans les Atteliers, où l'on fera des gargousses à boulets pour la guerre, des cylindres d'un diametre un peu moindre que celui des

G

pièces auxquelles ces boulets feront deftinés; &
qu'on ferait paffer dans ces cylindres les gargouffes
à mefure qu'on les finira; ce qui obviera, non-
feulement à ce que des gargouffes trop larges, ou
d'une étoffe trop lâche, ne prennent un diamètre
excédent à celui de la pièce, mais même à ce que
le boulet, par l'enfabotement, n'excede auffi ce
diamètre.

Refte *l'impoffibilité* que M. de St. A. prétend
qu'il y a *de fe fervir* de ces nouveaux boulets *pour
incendier.*

Il annonce comme décidé, [page 27], que
pour remédier à cette *impoffibilité* dans chaque
calibre, on eft convenu d'employer en campagne,
pour cette opération, les boulets du calibre inférieur à celui de la pièce; les boulets de 8 pour
les pièces de 12, ceux de 4 pour les pièces de 8.

D'après cela, il fe recrie, [page 28], " fur ce
„ qu'un pareil expédient eft propofé par les per-
„ fonnes, qui pour affurer plus de précifion & de
„ jufteffe au tir du canon, réduifent à une ligne
„ le vent du boulet „.

En admettant cette fuppofition comme chofe
exiftante, on pourroit répondre à M. de St. A.,
que dans la néceffité indifpenfable de mettre
dans le tir à boulet rouge, l'augmentation
d'incertitude qui réfulterait de l'emploi de boulets d'un calibre inférieur à celui de la pièce,
ou de tirer habituellement avec des boulets de deux
lignes de vent, il n'y aurait pas à balancer; & cela
par deux confidérations décifives.

La premiere que le tir à boulets rouges étant
très-rare, il ferait hors de raifon de lui facrifier un
fervice habituel.

La feconde, que les objets du tir à boulet rou-

e, étant des batimens, des magasins, & ordinai-
ement en grande masse, quelqu'incertitude que
a diversité de calibre ajoutât à ce tir déjà si incertain par la situation de la pièce, il serait encore capable de remplir ce qu'on exige de lui.

Je demanderai ensuite à M. de St. A., si lorsque
nul instrument ne determinait le *trop petit* des
boulets, si lorsque le vent limité par les Ordonnances, était réellement illimité par le manque de
moyen de le vérifier, ainsi que l'on ne peut dis-
convenir que cela a toujours été jusqu'à l'établissement du *Nouveau Système*; je demanderai, dis-je,
à M. de S. A., quelle était la différence *réelle* d'un
boulet de 12 à un boulet de 8; & si nécessairement il ne se trouvait pas que celui-ci était quelquefois employé pour l'autre, non pas seulement
pour le tir à boulet rouge, mais pour tirer sur les
troupes, en un mot, pour les tirs qui exigent le
plus de précision.

Enfin pour terminer cette objection du tir à
boulet rouge d'une manière encore plus positive
que ne le peut faire tout ce que je viens de dire,
il faut que j'apprenne aux Lecteurs de M. de St.
A., comment sur cet article, comme sur tant
d'autres, il les égare encore de propos délibéré,
en leur donnant comme une *décision* ce qui n'a
été qu'une *proposition*.

Les raisons que je viens de déduire, avaient
en effet engagé, sur un premier apperçu, à préférer l'inconvénient accidentel d'employer pour le
tir à boulet rouge, des boulets d'un calibre décidément inférieur à celui de la pièce, plutôt que
de se jetter dans l'inconvénient habituel des boulets à deux lignes de vent. Mais des expériences

faites avec plus de foin, ont appris depuis, qu'un boulet de 12, ne grolliffait que de neuf points, en le chauffant rouge cérife, ce qui lui procure une dilatation bien plus forte que celle qui réfulte du rouge brun qu'on fe contente, & qu'il fuffit de lui donner, lorfqu'il s'agit d'exécuter ce genre de tir.

Mais, dit M. de St. A. toujours page 28, « tout » étant à craindre dans des précifions fi recherchées, » peut-on s'affurer bien pofitivement que les Fon- » deurs n'auront pas donné quelques points de » moins aux calibres de leurs pièces.... & que les » boulets fortis des forges auront la jufteffe du cali- bre fixé.

C'était affurément bien le cas de dire un mot des nouveaux moyens employés pour s'affurer du calibre jufte des pièces ; mais M. de St. A. a jugé à propos de n'en point parler, & cela fans doute, parceque la comparaifon qu'on en aurait pu faire avec les anciens, n'aurait pas été à l'avantage de ceux-ci.

Il femble qu'il aurait dû obferver la même difcrétion fur les cilindres dont on fe fert pour fixer les bornes du *trop-gros*, & fur-tout pour reconnaître & rejetter les boulets, qui n'étant trop gros que par un côté, pourraient entrer dans la pièce en s'y préfentant par un côté plus petit, & y demeureraient enfuite engagés fans pouvoir avancer ni reculer. Il faut que M. de St. A. n'ait pas pris garde qu'en parlant de ces cilindres, il rappellerait le fouvenir de ces fameufes coquilles qu'on avait imaginé de leur fubftituer en 1772, lorfque fous M. de Valliere, il préfidait aux opérations de l'Artillerie.

Il ne tente pas de juftifier ces coquilles, dont l'invention fuppofait qu'on peut voir à travers un demipouce de métal ; ce qui affurément n'eft donné à perfonne, pas même au plus clairvoyant de tous les partifans de l'Ancienne Artillerie.

M. de St. A. ne dit donc rien de ces coquilles; il fe réduit à prétendre (toujours page 28) *que les Cilindres ne font excellens que pour les premieres centaines de boulets qui y paſſeront.*

Que fur cet objet encore, M. de St. A. me permette de lui apprendre la vérité, ou du moins de l'apprendre à fes Lecteurs.

Les Cilindres fervent à paſſer cinq cent mille Boulets, avant d'être uſés de deux points, qui eſt le terme indiqué pour les réformer. Quelquefois ils vont plus loin. Mais quand on y a fait paſſer quatre cens mille boulets, on les viſite de tems en tems pour s'aſſurer qu'ils ne font pas arrivés aux deux points d'évaſement.

Un autre article encore, également relatif aux nouveaux boulets, & fur lequel il eut été non moins important que M. de St. A. eut bien voulu inſtruire exactement fes Lecteurs, ou plutôt ne pas leur dire pofitivement le contraire de ce qui eſt, c'eſt l'opération du *battage.*

Il s'éleve aux pages 205, 206 & 209 contre cette opèration, qui confifte à faire paſſer dans un four de réverbere incliné, les boulets fortants des coquilles où on les a fondus, afin de les chauffer peu à peu, & de les battre enfuite, entre une enclume concave & un marteau de même forme. Il prétend que ce procédé eſt très-vicieux, qu'il *exige une attention férieufe de la part de l'adminiſtration.* C'eſt au moins un objet de difcuſſion : & nous allons y venir ; mais de plus il aſſure que cette opération vicieufe a été établie en 1766 par le Nouveau Syſ-tême, & qu'ayant mérité l'attention de M. de

Buffon , il *en a reconnu par ses propres expériences ,
les vices & les défauts.*

Que M. de St. A. me pardonne de lui dire & de
lui prouver , que rien n'eſt plus contraire à la vérité
des faits, que ces deux aſſertions.

Premierement , ce n'eſt point en 1766, mais vers
1743 que le battage des boulets a été établi. Il n'eſt
point dû par conſéquent à l'Auteur du NouveauSyſtê-
me; il l'eſt à M. le Marquis de Roſtaing, qui employé
aux Forges de Hayange qui faiſaient alors, comme
à préſent , la principale fourniture des fers coulés ,
y a apporté ce procédé de la Baviere, où il était en
uſage depuis longtems.

C'eſt une anecdote très connue dans tout le Corps
de l'Artillerie , & dont M. de St. A. a pu ſe procurer , ainſi que j'ai fait, les époques préciſes , lorſqu'en 1772 il a été faire l'inſpection des Forges
de Hayange. Il le devait , qu'il me permette de le
dire , non-ſeulement en ſa qualité d'Inſpecteur, qui
l'oblige à ſavoir les choſes mieux que nous autres
ſubalternes ; mais ſur-tout en ſa qualité de Critique.

Paſſons à ce qui concerne M. de Buffon , & à
l'appui qu'il prétend tirer de ce célebre Naturaliſte
pour prouver(page 204)le vice des nouveaux boulets.

Obſervons d'abord que M. de St. A. pour faire
uſage de cette autorité , ſe plait à confondre deux
opérations qui n'ont rien de commun : ſavoir, celle
du *battage,* que je viens de décrire , dont l'objet
eſt de rendre les boulets plus unis & plus denſes,
du moins à la ſurface ; & celle du *tournage,* qui
a eu lieu dans quelques arſenaux, pour rendre de
ſervice une multitude d'anciens boulets , qui dans
chaque calibre , ſe ſont trouvés trop gros, lorſque
pour fixer un terme à la négligence de l'adminiſtration précédente , on entama une vérification

indispensable, que les événemens postérieurs ont suspendue.

M. de Buffon a censuré cette seconde opération, mais n'a censuré qu'elle, car c'est à elle seule qu'on peut appliquer ce qu'il dit à la page 59 de son introduction à l'histoire des minéraux, tome 2.

,, C'est sans doute parce *qu'on ignorait* jusqu'à
,, quel point va cette altération du fer, ou plutôt
,, parce qu'on *ne s'en doutait pas du tout*, que
,, l'on *imagina* il y a quelques années dans notre
,, Artillerie de chauffer les boulets, *dont il était*
,, *question de diminuer le volume*. On m'a assuré que
,, le calibre des canons nouvellement fondus, étant
,, plus étroit que celui des anciens canons, il a
,, fallu *diminuer* les boulets, & que pour y par-
,, venir, on a fait rougir ces boulets *à blanc, afin*
,, *de les ratisser ensuite plus aisément en les faisant*
,, *tourner*. On m'a ajouté que souvent on est obligé
,, de les faire *chauffer cinq, six*, & même *huit &*
,, *neuf fois* pour les *réduire* autant qu'il est néces-
,, saire. Or, il est évident par mes expériences,
,, que cette pratique est mauvaise; car un boulet
,, *chauffé à blanc neuf fois*, doit perdre au moins
,, le quart de son poids, & peut-être les trois
,, quarts de sa solidité. Devenu cassant & friable,
,, il ne peut servir pour faire breche, puisqu'il se
,, brise contre les murs: & devenu léger, il a aussi
,, pour les pièces de campagne le grand désavan-
,, tage de ne pouvoir aller aussi loin que les
,, autres ,,.

Dans cette opération, dont on avait dénaturé le motif à M. de Buffon, en lui faisant accroire qu'elle avait été nécessitée par un rétrécissement arbitraire *du calibre des canons nouvellement fondus,* les boulets étant *souvent* obligés de repasser au feu, non pas *huit à neuf fois*, comme le dit M. de Buffon, mais quelquefois quatre & cinq ; ils recevaient de la part du feu une altération considérable, & sans doute, trop considérable pour qu'on *l'ignorât*, pour qu'on *ne s'en doutât point du tout*, ainsi qu'il le prétend un peu durement, en dirigeant même par une note particuliere, l'application de ces expressions sur ceux qui avaient remplacé M. *le Marquis de Valliere dans la conduite des travaux de l'Artillerie.*

Mais dans l'opération du *battage*, les boulets ne passant au feu que deux fois, tout au plus, ce qu'on n'accorde même aux Fournisseurs que pour les vingtiéme de chaque fourniture, afin de leur faciliter l'exactitude des dimensions ; & les boulets n'étant jamais chauffés qu'au couleur de cérise; il est évident, qu'en admettant même toute l'étendue d'altération que M. de Buffon prétend que le feu cause au fer, ce n'est pas aux boulets *battus* qu'on pourrait appliquer la prédiction qu'il fait sur les boulets *tournés: que devenus cassans & friables, ils ne pourront servir pour faire breche, & qu'ils se briseront contre les murs.*

Venons maintenant à l'essentiel des observations de M. de St. A. contre les nouveaux boulets. Voyons si le Nouveau Systéme a eu tort ou raison, de maintenir le *battage* dont il est à présent prouvé qu'il n'est point l'Instituteur.

Pour cela, il faut considérer les avantages & les inconvéniens de cette opération.

Ses avantages sur *l'ébarbement* à la tranche & au marteau, que M. de St. A. prétend préférables, sont évidemment d'avoir des boulets beaucoup plus exacts, beaucoup plus denses, au moins vers la surface . . . ., & par-là plus bondiffans, plus inattaquables à la rouille, beaucoup plus unis, & par-là beaucoup moins dans le cas de produire dans les pièces ces bavures, ces écorchemens, qui en rendant les battemens de boulets plus fréquens, hâtent la destruction de la pièce.

Ses inconvéniens, ou plutôt son unique inconvénient, c'est cette altération de poids & de densité de matiere, pour laquelle M. de St. A. prétend se prévaloir de l'opinion de M. de Buffon, sans d'ailleurs se mettre en frais de discussions, ni d'expériences particulieres. Voyons où cette altération peut aller : M. de Buffon assure qu'un *boulet chauffé à blanc neuf fois*, *doit perdre au moins le quart de son poids*. Mais comme on ne chauffe point à *blanc* pour le *battage*, mais seulement *couleur cerise*, il est évident, qu'en regardant même l'assertion de M. de Buffon comme un principe, on n'en pourrait tirer que des inductions fort incertaines. Au défaut de M. de Buffon & de M. de St. A., voici quelque chose de plus précis.

Ce sont des expériences que j'ai faites le mois d'Octobre dernier aux forges de Hayange, dans la vue de m'assurer plus complettement du peu de fondement des allarmes données à toute la France par M. de Buffon sur les boulets tournés.

Ces expériences faites sur six boulets de 12 ont montré.

1°. Que ces boulets chauffés une fois au même fourneau de réverbere & au même dégré de chaleur, qui servent pour le *battage*, donnaient des différences de poids trop peu marquées pour être appréciables avec des balances communes, faites pour peser des onces & des demi-onces, les seules que nous eussions à notre portée.

2°. Que ces boulets chauffés six fois de suite au même dégré, en les laissant refroidir à chaque fois au point de les manier aisément, & cela sans les battre, n'ont perdu qu'un cinquantième de leur poids, pour ceux qui ont le plus perdu.

3°. Que chauffés après cela onze fois de suite, toujours au même dégré, en les laissant refroidir à chaque fois, toujours sans les battre ; la nouvelle perte qu'ils ont soufferte, étant ajoutée à la précédente, n'est pas montée à un vingt-cinquième.

4°. Enfin qu'en faisant succéder le battage à chaque chaude, la perte se réduisait à environ moitié.

Ces expériences faites sur des boulets de fonte, doivent nécessairement offrir des résultats différens de celles de M. Buffon, puisque c'est sur des boulets de fer forgé qu'il a opéré. Mais ces différences, loin d'être en *moins*, pour les boulets de fonte, devraient être en *plus*. Car il est évident que la fonte étant moins compacte que le fer, & contenant d'ailleurs, si non certainement, du moins très-probablement une quantité considérable de parties d'une matiere particuliere, qui manque au fer forgé, & sur laquelle le feu a beaucoup de prise, elle doit beaucoup plus perdre, quand elle est exposée à son action.

Mais quelque soit cette différence, quelque soit celle qui existe aussi entre la chaleur *couleur cerise*, à laquelle je me suis tenu pour ne pas sortir du dégré affecté à l'opération dont je voulois examiner les effets, & la chaleur *couleur blanc*, par laquelle M. de Buffon dit, *qu'un boulet chauffé neuf fois*, doit perdre au moins le quart de son poids, il ne paraît pas que ces différences ajoutées même l'une à l'autre, puissent justifier des résultats aussi éloignés qu'un quart & un vingt-cinquiéme; fur tout fi l'on obferve que M. de Buffon ne parle que de neuf chaudes, & que nous en avons donné dix-fept.

Je ne puis offrir pour garant de ces expériences que mon témoignage & celui de mes coopérateurs, favoir, M. de Baltazar Capitaine au Régiment de Diesbak, dont l'efprit & les connaiffances que, particulierement en ce genre, il a prifes par fon féjour à Hayange, feront un fuffrage impofant pour les perfonnes qui le connaiffent ; & M. d'Angenoux, Capitaine au Corps de l'Artillerie, à qui l'on eft principalement redevable de la perfection qui regne maintenant dans les travaux des forges employées par l'Artillerie.

M. de St. A. prendra vraifemblablement fur notre témoignage, le parti qu'il a pris fur celui des Officiers qui ont certifié les réfultats des épreuves de Strasbourg. Il nous accufera comme eux, d'avoir employé *l'adreffe & l'illufion*. Mais d'après l'impreffion qu'il m'a paru que cette accufation a généralement produite, j'efpere que celle qu'il pourra former fur nous, n'affaiblira nullement la croyance qu'il eft naturel d'accorder à trois Obfervateurs qui n'affurent que des chofes fimples & de leur reffort, & à qui d'ailleurs perfonne n'a jamais prouvé qu'ils aient manqué à la vérité, foit en citant des faits, foit en citant des ouvrages.

L'admiffion de ces expériences, ne laiffera plus à réfoudre qu'une feule difficulté de M. de St. A. contre les nouveaux boulets. C'eft celle qu'il fait à la page 168, en m'adreffant la parole fous le nom de *l'Ecrivain*, qu'il a bien voulu m'affecter dans tout fon ouvrage.

Il me demande « de citer la loi qui accorde à la » Nouvelle Artillerie, le privilége exclufif de faire

» ufage de boulets à une ligne de vent, & qui dé-
» fend à l'Ancienne de s'en fervir ».

Je lui répondrai que cette *loi* eft la plus ancienne,
la plus générale, la plus refpectée de ce monde;
que c'eft celle qui ordonne de rendre, ou de laiffer
à chacun ce qui lui appartient. Or rien affurément
ne prouve mieux que les boulets à une ligne de vent
appartiennent au Nouveau Syftême, que la multitude de raifonnemens, d'autorités, de faits, même
abfolument contraires à la vérité, qu'on vient de
voir employés par M. de St. A. pour tâcher de
prouver que ces boulets ont une foule d'inconvéniens.

SECTION SECONDE.

*Objections de M. de St. Auban, contre la nouvelle
manière de pointer le canon.*

La nouvelle manière de pointer le canon, différe
principalement de l'ancienne par deux machines;
la vis de pointage & la hauffe.

La vis de pointage eft logée dans un écrou placé
entre les deux flafques fous la partie poftérieure de
la femelle, laquelle eft à charnière & s'élève ou
s'abaiffe, felon qu'on fait monter ou defcendre
la vis fur la tête de laquelle elle repofe.

Les avantages de cette vis font, de n'être jamais
fujette à s'embarraffer par la boue, par les ordures,
parce qu'elle eft logée dans un écrou & que l'un &
l'autre font couverts par la femelle; de donner un
pointage toujours net, & tel qu'on le defire, parce
qu'on ne l'élève ou qu'on ne l'abaiffe que de la quantité qu'on veut; d'éviter les tâtonnemens indifpenfables, quand le pointage dépend de plufieurs
mains; tâtonnemens qui obligent prefque toujours

le pointeur à se contenter d'un à-peu-près devant l'ennemi.

La hausse est une espéce de petit verrou encastré dans la culasse de la pièce, & divisé par des crans. Ce verrou s'éleve à mesure que la distance du point vers lequel on tire, oblige d'élever la volée de la piéce, qui sans lui déroberait l'objet au pointeur.

D'après cet exposé, nécessaire pour les Lecteurs à qui ces machines sont peu connues, voyons les objections que M. de St. A. y oppose. Commençons par la vis de pointage.

§. PREMIER.

Objections de M. de St. Auban, contre la vis de pointage. Coin de mire qu'il paraît desirer qu'on lui substitue.

» Le moindre coup de canon, dit M. de St. A.
» page 34, dérange cette machine, difficile d'ail-
» leurs à remplacer; elle se dérange d'elle-même
» par le propre tir de la pièce, par la rouille qui
» s'attache à la vis de fer, par la boue qui s'insinue
» entre la vis & l'écrou. Les inventeurs eux-mêmes
» peu satisfaits de cette prétendue nouveauté,
» avaient voulu la supprimer : Mais les ordres étant
» donnés pour aller en avant sur tout ce qu'ils avaient
» proposé, il n'eut pas été décent de paraître avoir
» eu tort sur un seul point : au moyen de quoi la
» machine a été exécutée, & elle subsiste. Le coin
» de mire infiniment plus simple, & d'un usage
» aussi commode qu'assuré, si facile d'ailleurs à
» remplacer en toutes circonstances, paraît cepen-
» dant préférable pour les gros calibres, à tous
» les Officiers d'Artillerie qui ont le plus d'expé-
» rience »,

Voilà toutes les objections de M. de St. A. contre
la vis à pointer. Elles tendent principalement,
comme on voit, à lui substituer le coin de mire :
Mais il ne dit pas de quelle espéce.

Il y en a trois comme il fait. D'abord le coin de
mire ordinaire , qui consiste en un coin de bois tout
simple, qu'on place sous la culasse : Mais comme
il ne peut servir à retrouver l'élévation sous laquelle
on vient de tirer ; comme il fait dépendre le pointage du concours & de l'intelligence de plusieurs
personnes, que par-là il le rend long, tâtonneux &
incertain , il est évident que ce n'est pas lui que M.
de St. A. a pu songer à préférer à la vis de pointage.

Après le coin de mire simple , vient le coin de
mire à coulisse , conduit par une vis sans fin, située
horisontalement. Celui-là a l'avantage de ne faire
dépendre le pointage que d'une seule personne:Mais
outre que cette vis a besoin d'être fort longue, ce
qui l'expose d'autant à se fausser & à se briser, la
coulisse dans laquelle elle fait cheminer le coin
est sujette à s'embarrasser par la poussiere , par le
foin , par la boue, & à se gonfler par l'humidité ,
ainsi que ce coin lui-même , qui alors ne peut plus
se mouvoir.

Ce n'est pas sûrement encore ce coin si défec-
tueux que M. de St. A. a pu prétendre valoir mieux
que la vis de pointage.

Enfin nous avons le coin de mire à cremaillere
imaginé en 1772, pour remplacer cette vis dont
on a cru devoir alors faire un des premiers objets
de réforme. C'est sans doute ce coin là que M. de
St. A. veut qu'on lui préfére.

Il n'ignore cependant pas les objections qu'à sa
naissance même, on a faites contre lui. Il n'ignore

pas qu'entre celle qu'à raison de sa couliffe, il partage avec le coin dont nous venons de parler, il a
encore l'inconvénient particulier, qu'avançant &
reculant, non pas par une vis, comme celui-ci,
mais par une cremaillere dentellée, il ne peut se re-
poser, & par conséquent fixer la pièce, que dans
l'intervalle d'une dent à l'autre ; ce qui oblige à
pointer presque toujours au deffus ou au deffous
de l'objet.

M. de St. A. n'ignore pas enfin, ou du moins ne
doit pas ignorer que cette incertitude & les tâtonnemens si défavantageux, sur tout en bataille où
les momens sont très-précieux, sont encore multipliés par la nécessité d'employer au moins deux
hommes pour le pointage, l'un à diriger la pièce,
l'autre à la mouvoir. (*)

Non-seulement, M. de St. A. ne s'embarraffe pas
de répondre à ces objections, mais même il n'en
dit pas un mot. Ce n'est pas le moyen de mettre
ses Lecteurs en état de prononcer avec connoif-
sance de caufe.

Mais puisque son silence sur les inconvéniens re-
prochés au coin de mire qu'il parait adopter, ne
me permet avec lui aucune discuffion nouvelle à

(*) On trouve dans la *Collection autentique*, page 69, des
Remarques de M. de Valliere, sur un Mémoire dans lequel
M. de Gribeauval parle des défauts de ce coin de mire. M. de
Valliere sentant sans doute l'impoffibilité de l'en justifier, se
retranche à dire, page 72, que l'exécution qu'il en avait fait
ordonner, *était un effai, dont on avait cru devoir donner la sa-
tisfaction à l'Officier qui avait proposé* cette invention.

Il est de fait cependant qu'il y a eu de cet *effai* 200 affuts
du seul calibre de 4 garnis de ce coin de mire très-difpendieux,
& cela dans le seul arsenal de Strasbourg ; qu'à Douay il y en
a eu..... à La Fere.....

ce fujet ; je ne puis que revenir fur la tirade où il a raffemblé toutes ces objections contre la vis.

Le moindre coup de canon, quelque *petit* qu'il foit, ne *dérangera*-t-il pas auffi fon coin de mire? Occupant beaucoup de place, fur-tout par fa longue crémaillere, n'y fera-t-il pas beaucoup plus expofé?

La vis de pointage eft difficile à remplacer.

Et le coin de M. de St. A. avec tout fon attirail eft-il d'un remplacement plus facile ?

Elle fe dérange d'elle-même par le propre tir de la pièce.

Une vis qui n'a de mouvement que celui qu'on lui donne, fe dérangera *d'elle - même* ! cela eft difficile à entendre.

Qu'elle fe dérange par le *propre tir de la pièce*, cela eft plus concevable. Mais ce ferait, ou parceque les pas feraient trop foibles ; ce à quoi il ferait facile de remédier, mais dont on ne s'eft pas encore apperçu ; ou parce que l'écrou n'étant pas affez fort, il plieroit ou cafferoit fous l'effort du fouet de la pièce; ce qui en effet eft arrivé quelquefois par la mauvaife qualité du métal employé à la conftruction de ces écroux ; mais ce dont le remede, encore fort fimple, a été de les renforcer un peu, & de veiller à ce que les Fondeurs n'y employaffent pas des matieres de rebut.

Cette vis fe dérange, en outre, dit M. de St. A. , *par la rouille qui s'attache au fer* dont elle eft formée, *par la boue qui s'infinue entre la vis & l'écrou.*

Mais Monfieur de St. A. oublie que cette vis eft frottée de vieux-oing, ainfi que fon écrou ; il oublie qu'elle emboîte dans cet écrou infiniment
plus

plus jufte que ne le fait aucun eſſieu de voiture dans ſon moyeu. Peut-on dire qu'un eſſieu baigné de graiſſe, ſe *dérange*, c'eſt-à-dire devienne adhérent *par la rouille* au moyeu; que la boue qui ſe gliſſera entre deux l'empêchera de tourner? En cherchant à faire naître de pareilles craintes, M. de St. A. a ſur-tout oublié à quelle eſpèce de Lecteurs il auroit généralement affaire.

Les Inventeurs eux-memes, conclut-il, *peu ſatiſfaits de cette prétendue nouveauté, avaient paru vouloir la ſupprimer; mais les ordres étant donnés pour aller en avant ſur tout ce qu'ils avaient propoſé, il n'eût pas été decent de paraître avoir eu tort ſur un ſeul point; au moyen de quoi la machine a été exécutée, & elle ſubſiſte.*

Quoique cette imputation ſoit ſuffiſamment détruite par les preuves qu'en réfutant les objections de M. de St. A., je viens de donner, que *les Inventeurs de cette nouveauté*, non-ſeulement *en ſont ſatisfaits*, mais qu'ils ont raiſon *de l'eue*; je crois devoir la détruire encore plus complettement, en rappellant trois exemples qui prouvent que ces *Inventeurs* ſont très-loin de croire que *la décence* conſiſte à ne paraître jamais avoir tort ſur ſes premieres idées, à ne jamais revenir ſur ſes propoſitions.

Le premier de ces exemples, c'eſt ce renflement d'un demi degré, ou deux tiers de degré qu'ils avaient propoſé d'abord de donner à la culaſſe des nouvelles pièces, & dont ils ont enſuite reconnu n'avoir pas beſoin.

Le ſecond, c'eſt l'alongement des étoupilles ou fuſées d'amorce qu'ils avaient annoncé, comme augmentant la portée, & ſur lequel ils ſont revenus en annonçant enſuite dans le réſultat des

H

épreuves de Strasbourg, que cela *ne s'était pas
confirmé dans leurs expériences.*

Le troisieme enfin, c'est l'abandon que des expériences plus exactes leur ont fait faire de l'idée
d'employer des boulets de calibre inférieur pour
tirer à boulet rouge.

Mais passons à la hausse qui, si elle n'est pas
l'étendart de la Nouvelle Artillerie, comme l'appelle M. du Pujet, est au moins le sujet le plus
rebattu des clameurs des Partisans de l'ancienne.

§. I I.

*Objections de M. de St. Auban contre la hausse. Ta-
bles calculées. Appui qu'il prétend tirer à ce sujet
du Mémoire lu l'année derniere à l'Académie des
Sciences, par M. de Valliere.*

M. du Pujet ayant consacré un ouvrage particulier, composé de quatre-vingt-un articles, à attaquer la hausse, il n'était pas à présumer que M.
de St. A. marchant ordinairement sur ses traces, se
bornat à une seule objection contre cet instrument;
mais ce qui doit le plus étonner, c'est que sur les
quatre-vingt-une objections de M. du Pujet, il
choisit la plus mauvaise.

« L'usage de la hausse, dit-il, page 30, ne peut
» être assuré que d'après des tables calculées sur tou-
» tes les distances & sur tous les plans possibles. La
» difficulté, je le sais, ne consiste pas dans la cons-
» truction de ces tables. Mais dira-t-on qu'il soit
» facile, & même pratiquable d'en instruire par-
» faitement le Canonier, & de lui en rendre l'ap-
» plication familiere dans tous les cas imaginables &
» au premier coup-d'œil » ?

Quelques personnes qui n'étaient pas à portée

de vérifier les citations que, fur cet article, je faifais de l'ouvrage de M. du Pujet, dans l'*Artillerie Nou-velle*, ont imaginé qu'en refutant une pareille ob-fervation, je n'avais cherché qu'à prêter une idée ridicule au plus zélé & au plus favant défenfeur de l'Ancien Syftême; le paffage que je viens de citer de l'ouvrage de M. de St. A. me juftifie, & fait voir en même-tems que c'eft une chofe bien difficile à concevoir qu'une hauffe.

Il n'a cependant tenu qu'à M. de St. A. de fe pro-curer dans nos Ecoles, lors de fes infpections, la preuve que les plus fimples Canoniers pouvaient arriver à ce degré d'intelligence en un moment, & que pour faire ufage de la hauffe, il ne leur fal-lait d'autre talent que de pointer de but-en-blanc, & de faire fortir plus ou moins de fon encaftrement une petite pièce de cuivre dont le fommet doit tou-jours être alligné avec l'objet & le bouton de la volée.

M. du Pujet ne voyait à l'ufage de la hauffe; qu'une plus grande complication, qu'un furcroit de colonnes pour les Tables qu'il croyait être né-ceffaires, même en tirant fans hauffe. M. de St. A. n'annonce pas pofitivement, fi dans cette derniere fuppofition il croit ces favantes Tables également indifpenfables: cela eft affez vraifemblable. En ce cas, pour ne pas trop nous arrêter, je prendrai la liberté de renvoyer M. de St. A. à ce que j'ai ob-fervé à M. du Pujet fur la néceffité d'obtenir une trève de l'ennemi à chaque coup de canon qu'on voudrait tirer, afin d'exécuter les opérations de Trigonométrie indifpenfables pour déterminer pré-liminairement, comme le veut M. du Pujet, *fi le terrein que l'ennemi occupe eft de niveau avec la batterie*, *au-deſſus*, ou *au-deſſous*, quel angle en un mot il forme avec la piéce.

En effet, ſans ce préliminaire, comment ſe ſervir de ces Tables, dont les différentes colonnes doivent apprendre au *Canonier*, comme le dit M. du Pujet au numero 16, « qu'à telle diſtance ſur » le même niveau, ſon boulet frappera l'ennemi ; » qu'à telle autre il paſſera par-deſſus, s'il ne dimi- » nue l'angle de projection ; qu'à telle autre dif- » tance encore, il faudra augmenter l'angle de pro- » jection pour porter le boulet de plein fouet ſur » l'ennemi ; connaiſſances dont il reconnait la » difficulté, & qui ne laiſſent pas en effet que d'en » offrir pour un Canonier, qui comme j'ai eu l'hon- » neur de le repréſenter à M. du Pujet, ne ſait or- » dinairement ni lire ni écrire. »

M. de St. A. après avoir tâché de faire valoir contre la hauſſe, de la maniere dont je viens de l'expoſer, l'objection des Tables de M. du Pujet, ſe réduit à dire « qu'il pourrait montrer avec la plus » grande évidence, que cet inſtrument qui a été » annoncé comme une heureuſe invention des plus » utiles pour procurer plus de juſteſſe de tir à des » diſtances fort étendues, tant à boulets, qu'à car- » touches, ne fait au contraire que jetter dans l'er- » reur celui qui pointe. »

Mais penſant de lui-même ſans doute avec mo- deſtie, il a imaginé qu'un ſujet auſſi profond, pour lequel M. du Pujet lui-même avoit cru devoir s'ap- puyer de l'autorité de *Newton & d'autres ſavants Géomètres*, ne pouvait plus être traité que par quel- que ſavant d'un ordre reconnu ; & en conſéquence il l'a laiſſé à *M. le Marquis de Valliere, Directeur général de l'Artillerie, qui, dans un Mémoire qu'il a lu à l'Académie Royale des Sciences de Paris*, *dont il eſt Membre, a expoſé,* dit-il, *les défauts & les inconvéniens qui ſont inſeparables de l'uſage de pratique* de cet inſtrument *à la guerre.*

Ecoutons donc ce que M. de Valliere a dit à l'Académie Royale des Sciences de Paris, ſur les inconvéniens *d'uſage de pratique* de la hauſſe, à la *guerre.* Il commence à en traiter, page 19 du Mémoire qu'il a lu en effet dans cette ſavante Aſſemblée, à la ſéance du 13 Aout dernier, *touchant la ſupériorité à la guerre,* des pièces *d'Artillerie,* que par un ménagement déplacé d'expreſſion, il appelle *longues & ſolides,* mais que pour un contraſte plus exact, il auroit dû nommer *longues & péſantes, ſur les pièces courtes & légères.*

A cette page 16 donc, on trouve ce qui ſuit :

« On s'attend bien que les Défenſeurs des pièces
» courtes repliqueront qu'au moyen d'une hauſſe
» mobile qu'ils ont adaptée à leurs pièces, ils ont
» paré ſi bien à cet inconvénient (du défaut de
» juſteſſe) qu'ils ſe ſont procuré même, s'il faut
» les en croire, la ſupériorité de juſteſſe.

« Pour vouloir trop prouver, on ne prouve rien.
» ſi la hauſſe mobile était capable de procurer un
» ſi grand avantage par elle même, en l'adaptant à
» la pièce longue, qui n'en ſeroit pas moins ſuſcep-
» tible que la pièce courte ; celle-là en acquérant
» un nouveau degré de perfection & de ſupériorité
» ſur elle-même, l'acquérerait dans la même pro-
» portion ſur celle-ci :

« Mais il faut conſidérer, 1°. que la hauſſe eſt un
» mauvais inſtrument. 2°. Qu'elle ne peut ſervir
» preſque jamais qu'à faire tirer, lorſqu'on ne de-
» vroit pas tirer. 3°. Que ſon opération eſt toujours
» tâtonneuſe & ſouvent impoſſible.

Voyons comment M. de Valliere prouve ces trois
assertions.

" J'ai dit 1°., pourfuit-il, que la hauffe était
,, un mauvais inftrument, parce qu'à la guerre fes
,, mouvemens feront fouvent embarraffés par la
,, rouille, la pouffiere & la boue qui s'y introdui-
,, ront, & parceque fa fragilité la rendra fujette à
,, fe fauffer & à fe brifer, étant maniée par des mains
,, groffieres, avec la précipitation qu'excitent l'ar-
,, deur du combat & la vue du danger ,,.

M. de Valliere n'a pas confidéré, comme on voit,
que la hauffe étant encaftrée dans l'épaiffeur d'une
culaffe de canon, étant recouverte par une plaque
de cuivre d'environ quatre lignes d'épaiffeur, & à
qui l'on en peut donner dix & douze, fi l'on veut,
était incomparablement plus garantie contre le
*rouille, la pouffiere, la boue, & la mal-adreffe de
ceux qui là manient*, que ne l'eft une platine de
fufil de Soldat.

Il n'a pas confidéré non plus, comme on voit encore très-bien, que la hauffe n'ayant que deux piéces: favoir, une tige dentelée à cremaillere, l'autre
un reffort qui dans fon repos foutient les dents de
cette cremaillere; elle eft encore d'une conftruction incomparablement plus folide & plus fimple
qu'une platine de fufil de Soldat, qui n'eft pas moins
expofée qu'elle *à etre maniée par des mains groffieres, avec la precipitation qu'excitent l'ardeur du
combat & la vue du danger.*

,, J'ai dit 2°., reprend M. de Valliere, que la
,, hauffe ne peut fervir prefque jamais qu'à faire
,, tirer lorfqu'on ne devroit pas tirer, parce que
,, l'effet de la hauffe eft de donner de l'élévation à
,, des pièces qui en ont peut-être déjà beaucoup
,, par leur conftruction: Or, les boulets tirés de

„ cette maniere, n'agissant que sur le point où ils
„ tombent en plongeant , & faisant peu ou
„ point de ricochets, ne pourront rencontrer l'en-
„ nemi que par le plus grand hasard ; & quand ils
„ le rencontreront , ils ne blesseront guère qu'un
„ homme „.

M. de Valliere, dans ce second raisonnement,
suppose deux choses, toutes deux également mal-
fondées.

La premiere, que l'objet principal de la hausse
est de tirer à des distances excessives, à celles où
comme il le dit, *on ne devrait pas tirer.*

Cette supposition d'abord est détruite par le fait;
puisque les hausses ne servent plus, sont à toute
leur hauteur , lorsque la pièce est à trois degrés ;
élévation à laquelle elle porte à 500 toises; distance
qu'en sa qualité de Défenseur de l'Ancien Syftême,
M. de Valliere est d'autant moins dans le cas de
trouver *excessive*, qu'un des reproches des plus employés contre le Nouveau Syftême, par lui , par
M. de St. A., par M. du Pujet, & par tous les Avo-
cats de la même cause, c'est de réduire les portées
utiles, l'usage du canon, avec toute espece de
pièces, à cette distances de 500 toises, comme
celle où le tir *commence seulement* à pouvoir prétendre à quelque justesse.

L'autre supposition mal fondée, que fait M. de
Valliere dans cette même objection contre la hausse;
c'est que les nouvelles pièces ont beaucoup, c'est-
à-dire trop *d'élévation pour leur construction.*

Mais cette supposition , ne tenant à la difcus-
sion des propriétés de la hausse, que fort indirec-
tement ; M. de Valliere ne donnant point d'ailleurs,
comme M. de St. A., par une comparaison avec

les pièces anciennes, un moyen net de déterminer
ce qu'il appelle *beaucoup*, ou trop *d'élévation*; je
crois devoir d'autant moins m'y arrêter, qu'il me
semble que j'ai épuisé ce sujet avec M. de St. A.,
soit en le considérant comme fait, & en tirant alors
de ses propres ouvrages deux preuves du contraire;
soit en le considérant comme objet de discussion,
& en faisant voir en ce cas, que l'on aurait pu
donner aux nouvelles pièces, non-seulement autant
d'élévation qu'aux pièces anciennes, mais même
une plus considérable, sans que pour cela leur justesse
fut moindre.

Venons à la troisieme objection de M. de Valliere: savoir, que *l'opération de la hausse est toujours tâtoneuse, & souvent impossible.*

Il prouve cette proposition de la maniere sui-
vante:

« Pour user utilement de la hausse, il faudrait
» pouvoir observer la chûte du premier boulet,
» afin de donner en conséquence plus ou moins de
» degrés de hausse, selon que le boulet serait tombé
» trop près ou trop loin: mais vis-à-vis de l'ennemi,
» sait-on de combien le boulet est tombé trop près ou
» trop loin? D'ailleurs les portées ne sont-elles pas
» sujettes à varier? Et pour atteindre une ligne de
» trois hommes de profondeur, par la simple chûte
» du boulet, il faut la plus grande précision. Que
,, de tâtonnemens pour vaincre ces difficultés? Et
,, peut-on se flatter de les vaincre? Mais si on ne peut
,, pas observer la chûte des boulets, comme il arri-
,, vera très fréquemment, si l'ennemi est en mou-
,, vement, si on y est soi-même; n'est-il pas évi-
,, dent que les moyens de régler ces tâtonnemens
,, deviennent impraticables, & que par conséquent
,, l'usage de la hausse devient impossible.

Je n'ai rien voulu retrancher de cette longue tirade , parce que c'eſt par elle que M. de Valliere épuiſe ces objections que M. de St. A. annonce pour être déciſives *ſur les défauts & les inconvéniens de l'uſage de pratique de la hauſſe à la guerre.* Mais comme elle eſt auſſi obſcure que longue , tâchons, pour la commodité du Lecteur, de la réduire à ſes moindres termes. Je crois que nous n'y laiſſerons rien d'eſſentiel , en diſant tout ſimplement : il faut pour ſe ſervir de la hauſſe , obſerver la chûte des boulets ; or, cette obſervation n'eſt pas toujours poſſible ; donc la hauſſe ne ſert à rien, ou eſt *un mauvais inſtrument* , pour me ſervir de l'expreſſion de M. de Valliere.

Ce raiſonnement , ainſi réduit, peut alors ſe rétorquer de la maniere ſuivante : on ne tire de but-en-blanc que lorſque le boulet frappe dans le prolongement de la ligne de mire ; or , on ne peut pas toujours voir où aboutit ce prolongement, & ſi le mobile y arrive , Donc la ligne de mire qui ſert à régler le but - en - blanc eſt inutile ; donc même de but-en-blanc, il faut tirer ſans mirer.

Cette concluſion qui ſe déduit très-certainement du raiſonnement de M. de Valliere, paraîtrait bien étrange à adopter, ſur - tout de la part de gens qui ſe montrent ſi zélés Partiſans de la juſteſſe de tir , & qui n'ont que la ligne de mire ordinaire, le but - en - blanc proprement dit , pour s'aſſurer de cette juſteſſe.

Mais pour terminer une bonne fois, ſur cet article tant rebattu, que M. de St. A., au défaut de M. de Valliere, réponde donc à cette queſtion qui a été faite tant de fois, à lui, à M. du Pujet, à tout ce qu'il y a d'Adverſaires de cette hauſſe, *de cet étendart de l'Artillerie Nouvelle.* Comment, par quel moyen conduira-t-on l'œil du pointeur vers l'objet, lorfque cet objet fe trouvant au-delà du but-en blanc, fera couvert par la volée de là pièce, qu'il faut bien alors élever pour faire arriver le boulet ? Prétend-on qu'on tire comme par le paffé, fans voir cet objet, c'eft-à-dire au hafard ? Il faut en ce cas là renoncer à cette prétention de jufteffe fi exaltée ; Il faut renoncer fur tout à concilier cette jufteffe avec la longueur de portée qui forme encore une autre prétention principale des Défenfeurs de l'Ancien Syftême. Car le but-en-blanc de la pièce de 12, même de la pièce longue, ne s'étendant qu'à 220 toifes, d'après M. du Pujet même. Ce ne fera que jufqu'à cette diftance au plus, que l'on pourra tirer en bataille.

Si au lieu de cette hauffe profcrite, on a d'autres moyens d'élever l'œil du pointeur, il faut indiquer ces moyens. s'ils valent mieux que la hauffe, ou même s'ils valent à peu près autant, nous les adopterons, pour avoir enfin la paix.

Mais fur cela il ne faut pas imiter M. de B... qui non plus, ne veut pas de la hauffe, mais qui pour y fuppléer, n'imagine rien de mieux, que de placer fa tabatiere fur la culaffe de la pièce, fans fonger que fi cette tabatiere eft de hauteur convenable pour une certaine diftance, elle fera trop haute ou trop baffe pour une autre diftance ; & qu'enfin cette hauffe qu'il rejette, lui offre précifément l'équivalent de huit ou dix tabatieres qu'il lui faudrait diftribuer dans les poches de chacun des Canoniers deftinés au fervice d'une pièce pour en prendre, & en changer felon les diftances.

SECTION TROISIEME.

Objections de M. de St. Auban , sur les changemens
relatifs au charroi.

§. PREMIER.

Sur les Essieux de fer. S'ils sont plus cassans , plus
chers , plus pesans , plus difficiles à remplacer,
comme le prétend M. de St. A.

M. de St. A. prétend qu'on a eu tort d'adopter
les essieux de fer, parce qu'ils sont *plus cassans*,
plus chers , *plus pesans* , & *plus difficiles à rempla-*
cer. C'est à quoi se réduit ce qu'il dit page 32 sur
cet objet qu'il traite fort en raccourci , & sur lequel
il ne revient pas ailleurs.

Les Rouliers & toutes les grosses voitures de Paris ont prononcé sur ces trois premieres objections.
Car ils ont généralement adopté les essieux de fer,
qui pour eux, ainsi que pour l'Artillerie , sont *plus*
cassans , *plus chers* , *plus pesans*.

La quatriéme objection, tirée de la difficulté des
remplacemens, paraît plus fondée ; parce que,
bien que l'Artillerie soit pourvue dans les marches
de tous les secours qui manquent aux Rouliers pour
l'exécution de ces remplacemens , la présence de
l'ennemi peut rendre, & rend souvent en effet
ces secours inutiles. Mais sur cet article important
le seul à cet égard sur qui l'expérience des Rouliers
n'ait pas prononcé , les essieux de fer ont encore l'a-
vantage. Si M. de St. A avait examiné la maniere
dont nos essieux de fer sont montés, il aurait vu que
pour substituer un essieu neuf à un qui est cassé ,
il suffit de déplacer & de replacer deux simples bandes de fer, qu'on appelle *bandes d'essieu* ; ce qui

s'exécute en defferrant deux vis à chacune de ces
bandes & en les refferrant enfuite ; & cela fans autre inftrument qu'une clef.

Si au contraire on voulait remplacer un effieu de
bois , il faudrait avoir des outils de forge pour défaire & replacer les équignons , les etriers & les
brabants ; ce qui , indépendamment de l'embarras
d'employer ces outils , & fouvent l'impoffibilité
de fe les procurer , exige beaucoup plus de tems.

Si on voulait fe contenter d'un faux effieu, il
faudrait des chaînes ou des cordages, des leviers
d'embrelage, qu'on n'a pas toujours fous la main ,
& toujours beaucoup plus de tems & d'embarras
que pour défaire & replacer nos bandes d'effieu ; ce
qui enfuite pendant la route , conduirait à être
toujours dans l'inquiétude pour refferrer cet affem-
blage poftiche à mefure qu'il fe lâche.

Ainfi indépendamment des raifons qui font communes à l'Artillerie avec les Rouliers pour l'adoption des effieux de fer , elle a encore celle de la
célérité & de la facilité des remplacemens qui lui
eft plus particuliere.

Paffons aux boëtes de cuivre.

§. I I.

Sur les boëtes de cuivre.

En admettant les boëtes de cuivre , on a eu en
vue :

1º. La facilité du charroi & des manœuvres, qui
eft tellement augmentée, que la pièce , qui n'eft
pas manœuvrable à bras avec des effieux de bois &
des moyeux fans boëtes de cuivre, le devient avec
ces boëtes & des effieux de fer.

2º. Le ménagement des roues , qui réfulte de

ce que la graiſſe introduite dans le moyeu ne péné-
tre pas dans les mortaiſes des rais; ce qui les dé-
faſſemble & oblige à chatrer plutôt & plus ſouvent.

M. de St. A. ne dit rien de ces vues principales, qui
ont déterminé à la fois l'adoption des eſſieux de
fer & des boëtes de cuivre. Il ne parle que de leurs
inconvéniens, qui font d'augmenter le recul & la
difficulté des deſcentes. (pages 34 & 35.)

M. de St. A. devrait cependant ſavoir que dans
les machines les plus avantageuſes, les propriétés
les plus utiles ſont toujours liées à des inconvéniens.
Veut-on gagner du tems, on perd en force ; veut-
on gagner en force ; on perd ſur le tems. Ainſi en
diſcutant une machine quelconque, c'eſt une eſpéce
d'infidélité que de parler des inconvéniens de cette
machine, ſans rien dire des avantages qui ſont liés
à ces inconvéniens. Car c'eſt ſeulement par la balance qu'on doit faire des uns & des autres, qu'on
peut juger ſi on a eu tort ou raiſon de l'adopter.

Mais en expoſant les choſes de cette maniere,
M. de St. A. n'a-t-il pas craint, que les moins intel-
ligens de ſes lecteurs ne ſentiſſent que l'augmentation de fatigue qu'occaſionnerait aux roues l'en-
rayage plus fréquent dont il parle, ſerait plus que
compenſé par la conſervation de l'emboitement des
rais ; & que les voitures montant néceſſairement
autant qu'elles deſcendent, la facilité de monter
compenſant auſſi la difficulté de deſcendre, d'ailleurs bien modérée par l'attellage à timon, il reſte-
rait en pur avantage aux eſſieux de fer & aux boëtes
de cuivre, la ſupériorité inconteſtable du charoi en
plaine, lequel eſt de beaucoup le plus ordinaire ; &
ſur tout cette facilité ſi importante des manœuvres
à bras en bataille, dont-il conteſte l'utilité ailleurs,
mais dont-il ne dit rien ici, où cependant il eut

été d'autant plus important d'en p r'er, que ſes raiſonnemens ſur cet objet tendent principalement à prouver que ces manœuvres ne doivent pas avoir lieu *toujours & en tout terrein* ; ce qu'aſſurement on n'a jamais prétendu.

§. I I I.

De la ſubſtitution des timons aux limonieres ; avant-trains releves ; encaſtrement de route ; faits, raiſonnemens , citations alleguées à ce ſujet par M. de St. Auban.

Nous voici à celui de tous les changemens faits ſur le charoi, qui ſouffre le plus de difficulté de la part de M de St. A. ; la ſubſtitution des timons aux limonieres. Il la combat par l'expérience, par le raiſonnement & par des citations.

L'expérience dont il s'appuie principalement a » été faite, dit il (page 41), en préſence de Mrs. de » Breteuil & de Maurepas, Miniſtres, le Comté » depuis le Maréchal de Belle-Iſle, & de Brocard, » *qui ont tous ſigné au procès-verbal* ajoute-t-il, le- » quel eſt rapporté au premier volume des Mé- » moires de St. Remy, Edition de 1745 , & qui » prouve que la préférence en général doit être ac- » cordée aux limonieres ſur les timons, même pour » les pièces à la Suedoiſe dont il était queſtion d'ad- » mettre alors l'uſage en France ».

Sans diſcuter la maniere dont s'eſt faite cette ex-périence, je me contenterai d'obſerver à M. de St. A. qu'elle eſt directement contraire aux expériences journalieres des Rouliers, qui pour cet objet forment une autorité, ſans doute moins impoſante pour le commun des gens, que celle des Miniſtres & des Généraux, mais aſſurément plus déciſive pour les hommes de bon ſens.

Après les Miniftres & les Généraux , M. de St. A.
cite cependant auffi les Rouliers ; mais bien à tort.
Car il eft conftant que dans toutes les Provinces les
grands chemins autrefois chargés de voitures limonieres , ne le font plus guère que de voitures à timons, lefquelles de jour en jour vont en se multi-
pliant.

Au suffrage des Miniftres, des Généraux & des
Rouliers , M. de St. A. veut encore joindre celui
des Charretiers de Paris.

Le fait au moins eft pour lui à leur égard. Car il
eft vrai que toutes les groffes voitures qui roulent
dans Paris font à limonieres. Mais comment M. de
St. A. ne reconnait-il pas que cela vient de la néceffité de tourner très-court dans bien des rues ? ce
que permettent en effet les limonieres, beaucoup
mieux que les timons. Mais les équipages d'Artillerie n'étant pas deftinés à circuler dans des rues, il
s'enfuit que l'exemple des voitures de Paris ne conclut rien pour eux.

M. de St. A. doit se rappeller qu'en Allemagne,
où les chemins ne font pas toujours beaux , où ils
forment fouvent des chevres-voies, l'attellage général du pays eft à timon , & même dans plufieurs
Provinces avec des roues d'avant-train auffi hautes
que celles de derriere ; ce qui en facilitant le charoi en droiture , le gêne confidérablement dans les
tournans.

M. de St. A. doit se rappeller encore que l'armée du Haut-Rhin dans la derniere guerre,
a quitté les limonieres avec lefquelles elle avait
abandonné partie de son Artillerie dans le Hanovre
qui eft un pays de plaine , pour prendre les timons
avec lefquels elle l'a confervée dans la Heffe , qui
eft un pays montueux.

Mais ce que M. de St. A. aurait du fur-tout ne pas oublier, c'eft que la raifon annoncée toujours comme décifive pour l'adoption des timons, que celle même qui a motivé fur cet objet la décifion de Meffieurs les Maréchaux, à cet égard, c'eft la néceffité de pouvoir trotter & même galopper de fuite; ce qui eft de toute impoffibilité avec les limonieres; ainfi que le prouvent affez les Chaffemarces que la néceffité de foutenir le trot avec des voitures fans avant-train, oblige même a paffer fur l'inconvénient d'un timon qui n'étant point maintenu, fouette d'une maniere très-fatiguante au cou de leurs chevaux.

Une chofe que M. de St. A. fait encore très-bien, & dont il ne dit rien, c'eft que l'Artillerie de fiége a été laiffée toute entiere à limoniere; & cependant parmi fes objections contre les timons, il compte (page 39) l'embarras qu'ils donneront *pour traverfer des comblemens de tranchee & mener du canon en batterie dans les fieges.*

Une objection qui du moins n'a pas, comme cette derniere, un fait abfolument faux pour fondement, c'eft que les *timons font plus caffans que les limonieres.*

Je reviendrai d'abord là deffus à l'autorité des Rouliers, à qui cet inconvénient, s'il exifte, n'a pas du moins paru affez décifif pour les faire renoncer aux timons.

Enfuite j'obferverai que la force des timons dépend non-feulement des dimenfions qu'on leur donne, mais fur-tout de l'attention qu'on met à en bien choifir le bois. Il eft hors de doute que fi on les faifait faibles & qu'on n'y mit pas plus de choix qu'on n'en mettait autrefois à toute efpece de conftruction, ils pourraient caffer fréquemment.

Mais

Mais les limonieres alors caſſaient auſſi & caſſaient ſouvent; ſur-tout les limonieres à tetard, qui
dans cette partie , raſſemblent ſur un ſeul brin,
ainſi que cela ſe fait dans le timon , les efforts laté-
raux , qui, pour les autres limonieres ſont repartis
entre les deux bras ſur toute leur longueur , tandis
que pour celles-ci cette diviſion n'a lieu que juſqu'à la naiſſance du tetard.

Mais quand une limoniere caſſe , M. de St. A. ne
dit pas qu'on reſte en chemin, ſi on n'a pas de rechange; & que ſi le rechange , ainſi que la limoniere caſſée, n'eſt pas à tetard, ce qu'il laiſſe indécis,
on eſt un tems conſidérable à déplacer & à remplacer,
parce qu'indépendamment de l'aſſemblage en bois
qu'il faut ajuſter, il y a beaucoup de ferrures à
détacher & à rattacher; au lieu que ſi un timon
caſſe, il ſuffit de tirer la cheville à la Romaine pour
le détacher: le rechange s'ajuſte à la premiere préſentation , & il ſe trouve maintenu en remettant en
place cette cheville.

Si l'on n'a point de rechange, le premier bois de
brin y ſupplée en un moment.

M. de St. A. ajoute encore(page 39)» que les roues
» des avant-trains des affuts à timons ne peuvent
» paſſer ſous l'affut; ce qui met dans l'impoſſibilité,
» pourſuit-il, de tourner un peu court, comme on
» y eſt très-ſouvent forcé; les affuts à limonieres ,
» ajoute-t il, ont l'avantage de tourner auſſi court
» que l'on veut.

Des Lecteurs peu au fait de charronage & d'Artillerie, concluraient de ce paſſage , que les roues
baſſes à l'avant-train, ſont une ſuite des limonieres,
& qu'elles ne peuvent appartenir aux voitures à
timons. Cependant les caroſſes de Paris ont des

I

roues de devant fort baffes, qui paffent fous l'a-
vant-train, lequel eft fouvent foit bas; & cependant
les caroffes de Paris font à timon

Si on a relevé les roues des nouveaux avant-trains,
ce n'eft pas l'adoption des timons qui y a conduit,
c'eft la néceffité de ne pas avoir dans les mauvais
chemins l'avant-train enterré, comme cela arrivait
fi fouvent dans les guerres précédentes, où ce vice
du charroi de l'Artillerie a caufé feul des embarras,
des retards & des pertes inappréciables.

M. de St. A. cite à ce fujet (page 39) l'Anglais
Emerfon ; comme fi ces fortes d'affertions fe dé-
cidaient par des citations ! Et encore, qu'eft-ce que
nous apprend cette citation Anglaife ? C'eft que *fi
les grandes roues, venues à la mode depuis peu, ont
quelques avantages, elles ont auffi leurs défauts.*

M. de St. A. en aurait furement trouvé autant dans
des livres Français. Il faut convenir que des citations
ainfi choifies, ne font pas fort propres à faire ref-
pecter l'érudition.

C'eft ici que je terminerai l'examen des objections
de M. de St. A. contre le Nouveau Syftême d'Artillerie, fur ce qui regarde la partie des machines.
J'ai fait mon poffible pour n'en omettre aucune.
Cependant vu le défordre extrême dans lequel M.
de St. A. les a préfentées, vu fur-tout les fréquentes
contradictions dans lefquelles il tombe, ainfi qu'on
a pu en juger par les citations que j'ai faites de
fon ouvrage, je ne puis répondre de n'en avoir
pas laiffé quelqu'une de côté. Mais au moins fera-
t-elle de peu d'importance.

Ce qui concerne le perfonnel du Nouveau Syftême étant beaucoup moins étendu, il a été plus facile à M. de St. A de le traiter avec un peu plus
d'ordre ; cet ordre cependant approche encore fort

de la confusion ; mais les objets étant moins nombreux, il est du moins plus facile de s'y retrouver.

TROISIÈME PARTIE.

Objections de M. de Saint-Auban contre la nouvelle constitution de l'Artillerie, quant au personnel.

LES objections formées par M. de St. Auban, contre la nouvelle constitution de l'Artillerie, quant au personnel, portent :

1°. Sur ce qu'on a établi de servir par escouades & par compagnie, en un mot par troupe formée, au lieu de servir par détachement.

2°. Sur les manœuvres ou dépostemens à bras de canon de bataille.

3°. Sur la création des Chefs de brigade.

4°. Sur celle des Officiers tirés du Corps des Sergens, d'abord sous le titre de Garçons-Majors, aujourd'hui sous celui d'Adjudans

5°. Sur ce qu'on détache les Capitaines en second, au lieu de les tenir à leur Régiment.

Ces objections sont ramenées par M. de St. Auban en plusieurs endroits, mais il ne les discute que dans cette espèce de Chapitre particulier, qui commence à la page 97, où il annonce par le titre qu'il va examiner des *questions relatives au personnel* de la nouvelle constitution de l'Artillerie ; ce qui ne l'empêche pas d'y traiter d'objets qui n'ont aucun rapport au personnel, du moins au person-

nel général de l'Artillerie. Commençons par les
premiers ; nous dirons un mot des autres en finis-
lant.

ARTICLE PREMIER.

Service par Troupe formée au lieu du service
par détachement.

L'objet qu'on a principalement envisagé, en
réglant que le service se ferait par troupes entieres
dans l'Artillerie, c'est singuliérement la facilité de
rendre, dans tous les grades, bien plus responsa-
bles du succès des opérations, ceux qui les commandent, & de les intéresser par là, plus forte-
ment à l'instruction, à la discipline, au bien-être
de leurs subordonnés.

En effet s'il parait injuste de rendre responsa-
ble du succès d'une opération, un homme à qui
les moyens qu'on lui a donnés pour l'exécuter,
sont non-feulement nouveaux & étrangers, mais
souvent même suspects ; rien ne parait plus rai-
sonnable, plus exigible que cette responsabilité,
quand ses moyens sont depuis long-tems sous sa
main ; quand il a pu connaître les bonnes & les
mauvaises qualités de chacun d'eux ; quand il n'a
tenu qu'à lui de les préparer à bien agir ; quand
habitués à dépendre de lui, à aboutir à lui, l'harmonie qui doit exister entre les membres & le Chef,
se trouve toute établie.

Si ce principe est incontestable, il l'est bien plus
pour le service de l'Artillerie que pour tout autre,
puisque ce service embrassant bien plus d'objets,
étant bien plus compliqué, exige une instruction
plus étendue & plus suivie, & une harmonie à la
fois plus difficile & plus parfaite de la part de tous
ceux qui y concourent.

M. de S. Auban ne combat pas ce principe. Il n'en fait pas même mention. Il fe contente d'objecter (page 105) que la néceffité de completer les vuides que les malades, les abfens, les morts fe trouveront former au moment de marcher, obligera de recourir à la compagnie, à la divifion, à l'efcouade voifine pour emprunter ce qui manquera ; *que celles - ci a leur tour emprunteront ce qu'elles auront prêté . .. & ainfi de fuite de l'une à l'autre ; de forte que tout fe réduira bien-vîte à l'ordre des fimples détachemens.*

Dans cette objection, M. de St. A. ne prend pas garde à la différence décifive que ces *emprunts,* à quelque point qu'on fuppofe qu'ils foient portés, laifferont entre une troupe ainfi formée, & celle qui le ferait par détachemens. Il ne confidere pas que le fonds de la premiere troupe étant compofé d'hommes dont le Commandant pourra répondre, ce fonds, fut-il réduit à moitié, pourra entraîner par fon mouvement & par fon exemple cette autre moitié, dont fans cela, il ferait impoffible que ce Commandant put répondre.

" Mais, dit M. de St A., une batterie étant
„ plus écrafée qu'une autre dans une bataille ou
„ dans un fiege, la compagnie qui l'aura fervie,
„ fe trouvera réduite à rien. Comment faire alors
„ pour la completter ? Et par quelle efpece d'hom-
„ mes le fera-t-elle „ ?

Cette compagnie ferà dans le cas des compagnies nouvelles, des Régimens nouveaux, qu'on forme en prenant d'abord un fonds d'Officiers & de Soldats dans les Régimens où les compagnies qui n'ont pas fouffert, ou qui ont le moins fouffert ; en leur joignant enfuite la quantité de Recrues néceffa.

res pour les completter ; & en laiffant enfin à l'homme qui doit commander cette troupe, le foin d'en
mettre enfemble toutes les parties.

Ce que je dis d'une compagnie, je le dis d'une
demie compagnie, je le dis d'une efcouade.

Si le fervice par Régiment ne paraît pas dérai-
fonnable à M. de St. A. ; s'il ne lui femble préfenter aucun embarras, celui par efcouade & par compagnie doit en préfenter encore moins. Car il eft
plus aifé affurement, de reverfer d'une efcouade
fur une autre efcouade de la même compagnie,
d'une compagnie fur une autre compagnie du même
Régiment, que d'un Régiment fur un autre Régiment, fut il de la même armée. Et en fuppofant
égalité d'embarras, l'avantage de rendre refponfa-
bles des opérations ceux qui les commandent, &
de les intéreffer perfonnellement, comme je l'ai dit,
à l'inftruction, à la difcipline, au bien-être de leurs
fubordonnés, n'eft-il pas décifif ?

ARTICLE SECOND.

*Dépoftement ou Manœuvre à bras du canon de
bataille. Manœuvre des pieces de bataillon par
les foldats de l'Artillerie.*

« La manœuvre à bras d'hommes pour les piéces
» de 4, de 8 & de 12 nouvelles, (c'eft-à-dire le
» dépoftement de ces piéces) peut-elle être exécu-
» tée exclufivement, & dans toute efpece de ter-
» rein avec le fuccès qui eft annoncé par le Nou-
» veau fyftême ?

Tels font les termes dans lefquels M. de St. A.
préfente cette queftion à la page 106. D'après cela,

on ne peut affurément le blâmer de répondre né-
gativement. Car comment approuver des gens qui
propoferaient *d'employer exclufivement* des hommes
pour remuer des piéces qui pefent 12 à 1800 liv.,
comme font les nouvelles piéces de 8 & de 12,
& cela *dans toute forte de terreins*, dans des marais,
par exemple, & fur-tout lorfque la ligne faifant de
grands mouvemens, fon canon fera obligé de la
fuivre ? S'il y a une propofition faite pour décrier
le bon fens de ceux à qui on l'attribue, c'eft celle-là
fans doute.

Mais jamais attribution ne fut plus gratuite. Les
manœuvres ou dépoftemens du canon à bras n'ont
été donnés nulle part pour devoir être pratiqués
à la guerre *exclufivement & en tout terrein*. On a
fenti que les attelages formaient dans la ligne un
très-grand embarras, furtout lorfque le feu étant
violent, jette dans les chevaux un défordre que ces
animaux répandent autour d'eux. On a fongé à diminuer cet embarras autant qu'on a pu. Mais on
a toujours reconnu & annoncé, que, quoique les
piéces de réferve même, fuffent manœuvrables ou
mobiles à bras, avec le nombre d'hommes attachés
à leur fervice, cette manœuvre ne pourrait avoir
lieu pour les grands mouvemens, ni dans les terreins exceffivement difficiles, tels que des marais
très-gras, ou des fables très-labourés. Mais comme
ces terreins font rares, & qu'il en eft de même des
grands mouvemens, du moins pendant que l'action
eft animée, il s'enfuit que les manœuvres ou dépoftemens à bras, devant être *généralement* pratiqua-
bles, il a fallu y dreffer les Canoniers dans les
exercices.

I iv

Celui de Compiegne en 1769, exécuté dans un terrein très-fableux, & ayant duré plus de trois heures à l'ardeur du foleil, a fait voir jufqu'à quel point on pouvait compter fur la poffibilité de ces nouvelles manœuvres.

M. de St. A., à la fuite de la réponfe qu'il fait à la queftion qu'on vient de voir, annonce pofitivement que *les Auteurs & les Partifans du Nouveau Syftéme ont abandonné eux-mêmes ces manœuvres pour les piéces de 12 & de 8. dans les grandes repréfentations qu'ils ont données pour montrer les avantages du Nouveau Syftéme.*

Mais il en eft de cette affertion comme de tant d'autres affertions de fa part, qu'on a vu également contredites par les faits. Les Écoles de Metz & de Strafbourg fpécialement fourniffent tous les jours la preuve du contraire de celle ci.

A la page 44 & 45, où il traite encore cette queftion avec étendue, & toujours dans les mêmes hypothéfes, il dit *qu'on peut confulter les Etats Majors des Régimens d'Artillerie fur la perte des hommes morts aux Hôpitaux par la fuite de ces manœuvres.* Mais il ne cite, ni les Etats - Majors ni les Hôpitaux.

L'attribution du fervice du canon de Régiment aux Soldats de l'Artillerie, au lieu d'être à ceux de l'Infanterie, comme cela était dans la derniere guerre, eft encore l'objet de la cenfure de M. de St. A. mais comme cette cenfure ne peut s'établir, comme les précédentes, fur de pures affertions de faits hafardés, & qu'elle conduit néceffairement à fe jetter dans des raifonnemens que M. de St. A., ainfi qu'on a vu, cherche à éviter tant qu'il peut;

Il prend le parti de renvoyer son Lecteur à ce que
M. de Valliere dit à ce sujet dans un Mémoire,
ad hoc, inséré dans la *collection authentique.*

Les raisons de M. de Valliere dans ce Mémoire,
pour engager à confier aux Soldats d'Infanterie la
manœuvre du canon de Régiment, se réduisent à
deux. La premiere, que cela s'est fait dans la derniere guerre ; la seconde, que par-là on eut évité
d'augmenter le Corps de l'Artillerie de 2400 hommes.

Je ne répondrai point à l'usage de la derniere
guerre, Car si cet usage faisait loi, il en faudrait
conclure, non-seulement que l'on a mal fait aussi de
changer la composition & les manœuvres des troupes, de ce qu'elles étaient dans cette guerre ; mais
même en remontant de guerre en guerre, il en faudrait conclure que nous devrions revenir aux armes
& aux usages des Héros des premiers âges. Tenons
nous en donc aux 2400 hommes d'augmentation.

Sur cet article M. de Valliere oublie :

1°. Que par la formation de 1765 qui a attribué
le canon de l'Infanterie aux *Soldats d'Artillerie*, le
Corps de l'Artillerie loin d'être augmenté, s'est
trouvé diminué de 560 hommes en tems de paix,
& de 400 en tems de guerre ; quoiqu'il ait été cal-
culé & arrangé pour servir trois grands équipages
de siége, & une fois plus de bouches à feu de campagne qu'on n'en avait dans la derniere guerre.

2°. M. de Valliere oublie que les 2400 hommes,
que sans aucun décompte, il suppose entretenus
d'excédent dans l'Artillerie pour le service du canon
d'Infanterie, le feraient dans l'Infanterie, & que
toute la différence se réduirait, la guerre venant, à
employer, comme on l'a dit dans le tems, des Ca-

noniers habillés de blanc, au lieu de Canoniers habillés de bleu.

3°. M. de Valliere avoue bien qu'en faifant fervir le canon d'Infanterie par des Soldats d'Artillerie, on aura l'avantage d'avoir ces Canoniers fous fa main quand il s'agira d'affieger ou de défendre des places ; confidération importante, qui eft en effet entrée dans l'objet de cette inftitution ; mais par l'obfervation qu'il fait enfuite qu'il *y a des campagnes fans fiéges*, il montre qu'il oublie que ce ferait s'y prendre un peu tard que d'attendre l'inveftiffement d'une place pour recruter les Canoniers, ainfi que pour raffembler les munitions qui doivent fervir à l'affiéger ou à la défendre.

4°. Enfin M. de Valliere oublie que fi on peut dreffer en peu de mois un fantaffin à tirer du canon, on ne l'inftruit pas de même à conferver des munitions, à foigner les voitures, les équipages & tout ce qui a rapport au canon.

Tous ces oublis de M. de Valliere font relevés dans la réponfe remife à ce fujet par M. de Gribeauval à Mrs. les Maréchaux. J'aurais pu me difpenfer de m'y arrêter, fi cette réponfe n'avait pas été encore exclue de la *Collection* prétendue *autentique*, fans même qu'il en foit fait la moindre mention.

ARTICLE TROISIEME.

Inftitution des Chefs de Brigade.

L'inftitution des Chefs de Brigade eft fondée fur la nature particuliere du fervice de l'Artillerie, qui met les troupes qui le rempliffent dans le cas d'être

beaucoup plus morcelées que les autres troupes, &
qui à raison de la multitude, de la diversité & de
l'importance des objets qu'il embrasse, exige une
instruction très-étendue.

C'est pour que les troupes de l'Artillerie puissent
se plier plus facilement à ce morcellement qu'on
les a divisées en Brigades de quatre Campagnies ;
c'est pour commander ces divisions à la guerre, c'est
pour leur assurer une instruction mieux suivie, c'est
en même-tems pour donner aux Capitaines un motif d'émulation & faire une épreuve de ceux qui
font propres aux emplois supérieurs qu'on a insti-
tué les Chefs de Brigade.

M. de St. A. demande « si la création de ces Chefs
» de Brigade a procuré les avantages qu'on s'en
» était promis ».

A cette question il répond lui-même en marge ,
» que cet établissement au lieu de procurer un bien ,
» a procuré un mal réel ; qu'il a ouvert la porte &
» donné une libre carriere à l'arbitraire ; qu'il pa-
» raît que le même objet pouvait être rempli en
» donnant aux quatre ou cinq premiers Capitaines
» des commissions de Lieutenant-Colonel & de Ma-
» jor suivant leur ancienneté , mais les laisser tou-
» jours attachés à leurs Compagnies ; ce qui n'eut
» pas été une surcharge aux finances , & n'eut pas
» été un motif de mortification pour les Capi-
» taines. Si on consulte les Chefs de Brigade eux-
» mêmes , ils répondront que leurs fonctions ne
» peuvent avoir une utilité réelle ».

Il n'est point de lecteur un peu réflechi qui ne
voie que tout est assertion dans cette réponse de M.
de St. A. & que loin de resoudre la question dont
elle est la suite , elle ne tend qu'à l'embrouiller. Car
loin d'examiner *les avantages qu'on s'était promis,*

par l'inftitution des Chefs de Brigade, elle n'en fait pas même mention. Tachons d'y fuppléér en examinant la réalité de ces avantages.

Le plus important de tous, fans contredit, c'eft de faciliter, c'eft d'affurer le fervice de guerre, c'eft même à celui-là que tous les autres tendent. Or n'eft-il pas évident que ce ferait compromettre ce fervice que de ne pas donner un Chef à quatre Compagnies qui ayant chacune huit bouches à feu à fervir, auront indépendamment de 70 hommes dont elles font compofées, environ moitié autant de foldats fervans ou de charretiers, & au moins feize attellages à mettre en action ou à contenir ; fur tout fi l'on fonge que cette multitude d'hommes & de chevaux dont ce Chef doit régler les mouve-mens fous le feu, eft difperfée fur une étendue de près de mille toifes, fi elle fert du canon de Régi-ment ; fi elle fert du canon de Referve, elle fera moins difperfée, mais elle fera bien plus confidé-rable en hommes & en chevaux.

M. de St. A. croit *que ce même objet pouvait être rempli en donnant des commiffions de Major ou de Lieutenant-Colonel aux quatre ou cinq premiers Ca-pitaines, & en les laiffant attachés à leur Compagnie.*

Mais ce Major, ou Lieutenant-Colonel, Capi-taine, quittera-t-il en bataille fa compagnie où fa préfence eft néceffaire, pour aller, en vertu de fa commiffion de grade fupérieur, remettre l'ordre aux compagnies de droite ou de gauche, où l'en-nemi fe portera avec plus de force ou avec plus de fuccès? qui veillera alors à cette compagnie aban-donné de fon chef? un de fes fubalternes? Mais tous les fubalternes ont chacun leur emploi.

Paffons à l'inftruction qui eft l'autre motif prin-cipal de l'inftitution des Chefs de Brigade.

Pour juftifier cette inftitution fur cet article, il
faudrait faire une énumération raifonnée de tous
les objets qui entrent dans l'inftruction d'une troupe
d'Artillerie. Cette énumeration ferait longue; mais
fans y entrer entierement, il n'eft point de Militaire
un peu éclairé qui ne fente que cette inftruction
portant, pour l'Officier, fur des objets de Théorie
& de pratique très étendus & très-multipliés, em-
braffant enfuite pour le Soldat, d'abord tout ce qui
tient au fervice de l'Infanterie, & en outre les me-
nœuvres des arfenaux aux leviers, aux cordages, à
la chevre, au triqueballe, l'arrangement, la con-
fervation des armes & des munitions, enfin la manœuvre des trois efpeces de bouches à feu ; manœuvre qui varie dans chacune de ces efpeces, à
raifon de la diverfité des calibres, de la maniere
dont elles font montées, de l'efpece de fervice
qu'elles doivent remplir, en campagne, dans les
fiéges, ou dans les places, il n'eft point de Militaire, dis-je, qui ne fente que pour furveiller une
inftruction auffi étendue & auffi compliquée, quand
elle regarde 184 Soldats en tems de paix & 280 en
tems de guerre, & 20 Officiers en tout tems, on
n'a pas trop d'un Officier fupérieur.

L'objection de M. de St. A. qui refte encore à
détruire fur cet article, c'eft que la nomination des
Chefs de Brigade n'ayant pu fe faire en fuivant
toujours le tableau de l'ancienneté, *on a ouvert la
porte, on a donné par-là une libre carriere à l'arbitraire.*

Ce ferait fans doute un très-grand inconvénient
que cet *arbitraire*, s'il devait néceffairement préfider
à la nomination des Chefs de Brigade. L'intrigue
pourrait en profiter fouvent, comme faifait au-

trefois la venalité pour uſurper la place du mérite. Mais cet inconvénient qui, s'il exiſtait, ne
ſerait point particuher au grade de Chef de Brigade, mais appartiendrait à tous ceux qui dans le
ſervice de l'Artillerie comme dans les autres, ne
ſont point le partage unique de l'ancienneté; cet
inconvénient, dis-je, n'exiſte point ou plutôt n'exiſte
plus depuis les nouveaux arrangemens pris à ce ſujet, par l'ordonnance de 1774. Car ſuivant cette
ordonnance, le choix des Chefs de Brigade ne dépend plus de la préſentation de l'Inſpecteur Général ſeulement, mais des ſuffrages annuels des huit
Officiers ſupérieurs de chaque Régiment; leſquels
ſont obligés, par cette ordonnance, de déſigner à
chaque Inſpection les trois ſujets qu'ils jugent les
plus propres à remplir la premiere place de ce grade
qui viendra à vacquer.

M. de St. A. n'ignore ſûrement pas ce changement conſigné dans une Ordonnance publiée il y a
dix huit mois. Comment peut-il faire une objection
qui ſuppoſe qu'il n'eſt pas encore venu à ſa connaiſ-
ſance ?

ARTICLE QUATRIEME.

Inſtitution des Garçons-majors ou Adjudans d'Artillerie.

En établiſſant les Garçons-majors ou Adjudans
d'Artillerie, on a eu pour objet :

1°. De donner un motif d'émulation à la claſſe
des Sergens, qui juſques-là immuablement fixée
dans ce grade, en était abſolument dépourvue.

2°. De débarraſſer les Officiers ſubalternes des
détails de tenue de diſcipline, dont la manutention

journaliere les détournait néceſſairement des étu-
des de Théorie & de Pratique par leſquelles ſeulement ils peuvent devenir de vrais Officiers d'Artillerie.

3°. De mieux aſſurer cette manutention, en la
confiant ſpécialement à des perſonnes dont elle fai-
ſait depuis longtems la principale occupation, &
qui devaient mieux en ſentir l'importance.

4°. Enfin de ſe donner en bataille au lieu d'un
jeune homme ſans expérience, un homme mûr ac-
coutumé à opérer ſous le feu, & à ſe faire obéir.

A ces quatre raiſons, dont, à ſon ordinaire, M.
de St. Auban n'attaque, ne diſcute pas même une
ſeule, il oppoſe les inconvéniens qui naîtront ſi
ces Officiers ſont mal choiſis. Il les déduit fort au
long. Mais ils ſe réduiſent aux cinq ſuivans.

Il objecte 1°. que *le choix* des Adjudans *ſera ſouvent arbitraire* ou *fondé ſur des talens extérieurs ou
ſuperficiels.*

Je viens de répondre à cet *arbitraire* au ſujet des
Chefs de Brigade. Le choix des Adjudans étant aſ-
ſujetti à des élections ſemblables, cette objection
tombe d'autant plus complettement que les Sergens d'où on les tire, ne parviennent auſſi à ce grade
que par des élections, où il faut même que le ſuf-
frage de leurs égaux précede celui de leurs Chefs.

2°. M. de St. A. demande ſi on choiſira les Adjudans *vieux ou jeunes.*

Dans le premier cas, dit-il, *ils n'auront ni le
tems ni la force de vaquer aux fonctions pour leſquelles ils ſont deſtinés.*

Mais auraient-ils eu *ce tems & cette force*, ſi on
les eut laiſſé Sergens ?

Dans le ſecond cas, M. de St. A. craint *les préten-*

tions qu'ils pourront former , *quand ils auront servi longues années , quand ils auront supporté les fatigues de la guerre.* Il appréhende *qu'on ne puisse se refuser aux sollicitations pressantes qui forceront la main au Ministre & au Chef du Corps.*

Mais rien ne paraît plus mal fondé que ces craintes , car quand ces Officiers *auront servi longues années ,* comme dit M. de St. A.; *quand ils auront supporté les fatigues de la guerre ,* loin que les prétentions d'avancement qu'ils pourront former soient à redouter , elle devront être accueillies *par le Ministre & par les Chefs du Corps ,* sans attendre *qu'on leur force la main.* Des services tels que ceux-là , ou des actions d'éclat doivent élever un Citoyen dans quelque état , dans quelque classe qu'il se trouve. Une loi qui établirait le contraire , étoufferait toute émulation & toute vertu.

Mais , ajoute M. de St. A. *le Corps se remplira alors d'Officiers sans naissance , sans éducation , sans talens , sans aucune connaissance de Mathematique , & le plus souvent sans principes de conduite & de mœurs.*

Si de *longs services* joints aux *fatigues de la guerre ,* sont les titres par lesquels les Adjudans sortiront de leur classe pour passer dans les classes supérieures , ils seront bien loin de remplir ces classes-la ; ce n'est pas dans un Corps comme celui de l'Artillerie que de pareils services laissent vieillir beaucoup de monde. Obligés d'ailleurs de passer par l'état de Sergent , il est difficile qu'ils n'aient pas rempli deux engagemens au moins , c'est-à-dire qu'ils n'aient seize ans de service révolus , avant d'être nommés Adjudans. D'après cela on ne peut gueres supposer qu'ils sortent de cette classe , avant
d'avoir

d'avoir atteint vingt-quatre ans de service, c'eft-à-
dire au moins quarante d'âge : & alors ce ferait pour
avoir la préférence des emplois fubalternes de l'Etat
major, auxquels leurs fonctions habituelles les rendent affurément plus propres, que ne le font nos jeunes Officiers. Des Commiffions de Capitaine, d'Officier fupérieur même, qui les laifferont toujours
dans leurs fonctions, pourront-elles être enviées aux
plus heureux d'entr'eux, à ceux qui joindront à de
fi longs fervices, des événemens de guerre d'éclat.

Ces Officiers *feront fans naiffance*, ajoute M. de
St. A.

Ils feront les enfans de leurs fervices. Tels étaient
les Fabert, les Rofen, & tant d'autres, en qui nos
Montmorencis, nos Bouillons n'ont pas rougi de
voir leurs freres d'armes, leurs compagnons & leurs
rivaux de gloire. M. de St. A. fera-t-il plus difficile
que les Montmorencis & les Bouillons ?

Ils feront *fans éducation*, pourfuit-il.

Ils auront celle que donne la difcipline militaire,
qui, par un long ufage, leur aura appris à être fubordonnés, refpectueux avec leurs Chefs ; honnêtes,
circonfpects fans baffeffe, avec ceux dont ils feront
devenus les égaux; fermes fans dureté avec leurs
Subalternes. En faut-il davantage ?

Ils feront *fans talens*, *fans aucune connaiffance
des Mathématiques*, ajoute toujours M. de St. A.

Les emplois de l'Etat-major qui leur font deftinés, n'exigent pas ces connaiffances ; & fi au lieu
de ces emplois, des néceffités de fervice leur en donnaient d'autres, il eft à croire qu'ils s'en acquit-
teraient au moins auffi bien que le faifaient nos
anciens Officiers d'Artillerie, qui n'étaient pas non
plus de profonds Mathématiciens, & qui à entendre

K

M. de St. A., forment cependant l'époque brillante de l'Artillerie Françaiſe.

Les Adjudans appliqués aux mêmes fonctiens auraient certainement ſur ces anciens Officiers une ſupériorité inconteſtable pour tout ce qui tient à la pratique des manœuvres de guerre & de paix, par l'avantage precieux de les avoir longtems exécutées.

Quant à l'imputation outrageante par laquelle M. de St. A. termine ſa déclamation contre cette portion reſpectable du Corps de l'Artillerie, laquelle, ſelon lui, ne peut que *ſe remplir d'Officiers, le plus ſouvent ſans principes de mœurs & de conduite*, je me contenterai de rappeller au Lecteur les accuſations de *mauvaiſe foi, de ſupercherie* qu'au ſujet des expériences de Straſbourg, & toujours ſans la moindre preuve, M. de St. A. prodigue en vingt endroits de ſon ouvrage aux Officiers généraux, & aux Officiers de grade ſupérieur dans l'Artillerie, qui ont certifié les Réſultats de ces épreuves.

Il prétend, à l'appui de cette imputation, que quelques-uns de ces *Sergens devenus Officiers ont fait des baſſeſſes, ſe ſont vus dans le cas de déſerter, ou de ſe faire chaſſer, ou d'être punis rigoureuſement.*

Cette ſeconde imputation eſt auſſi dépourvue de preuves que la premiere. Mais quand il en exiſterait, qu'en concluerait-on : Que ſur un grand nombre de choix bien faits, trop de précipitation à remplir des places qui offraient un mieux être, a pu faire faire quelque choix vicieux, qui prouveraient contre la maniere dont quelques Chefs ont rempli l'inſtitution, & non contre l'inſtitution.

M. de St. A. ſait mieux que perſonne qu'il n'eſt

point de claſſe dans le militaire, qu'il n'en eſt point dans la ſociété, qui n'offre quelquefois, même dans les grades élevés, des hommes coupables des *baſ-ſeſſes* les plus aviliſſantes, & les plus reconnues. Le Corps a qui appartiennent ces membres gangrenés, n'eſt pas toujours le maître de les retrancher. L'auorité ſéduite ou trompée, le force ſouvent à les conſerver; le Corps de l'Artillerie offre malheueuſement de ces exemples; mais ce n'eſt pas dans la claſſe *des Sergens devenus Officiers.*

ARTICLE CINQUIEME.

Capitaines en ſecond détachés dans les Places : inſ-truction de cette portion des Officiers d'Artillerie.

Dans l'ancienne conſtitution, les Capitaines en ſecond reſtaient attachés aux Compagnies juſqu'à ce que leur ancienneté les mit dans le cas de les commander. Leur inſtruction, ainſi que celle des Lieutenans, ſe bornait, quant à la Théorie, à apprendre, ordinairement par cœur, une fois par an, deux ou trois propoſitions de Mathématiques, dont un Profeſſeur complaiſant convenait de leur demander l'explication devant un Inſpecteur qui en entendait à peine le langage; & quant à la Pratique, à aſſiſter aux manœuvres qu'exécutaient les Canoniers dans la belle ſaiſon.

Dans la nouvelle conſtitution, on a conſacré particuliérement le tems que les Officiers reſtent à l'Ecole des Eleves, à les inſtruire des parties élémentaires de Mathématiques néceſſaires à l'étude de l'Artillerie; celui qu'ils paſſent dans le grade de Lieutenant a été ſpécialement deſtiné à les inſtruire des manœuvres. On a réfervé pour le féjour qu'ils font dans le grade de Capitaine en fecond, la connaiffance particuliere des opérations des fonderies, des forges, manufactures d'armes, des arfenaux de conftruction & d'approvifionnement, & en général des établiffemens qui concourent au fervice de l'Artillerie, & dont la direction eft confiée aux Officiers de ce Corps, parce qu'ils font les plus intéreffés à ce que tout s'y exécute de la maniere la plus avantageufe.

Les Capitaines en fecond, pendant les fix à fept ans qu'ils reftent dans ce grade, parcourent ces établiffemens de maniere au moins à faire efpérer, que quand leur avancement les mettra dans le cas de les diriger, ils fourniront un nombre fuffifant de fujets qui en feront capables, ou du moins qui n'y feront pas entiérement neufs, comme l'étaient autrefois néceffairement les Officiers Supérieurs qu'on plaçait, & que par une fuite de l'ancienne conftitution, on eft encore réduit à placer à la tête de ces différens établiffemens, fans leur avoir offert l'occafion d'en prendre la premiere idée.

L'exécution de ces difpofitions dépendant néceffairement des Bureaux en plus grande partie, il eft arrivé que la plupart des Capitaines en fecond, au lieu d'être répartis, & de circuler dans les établiffemens les plus importans, ou qui offraient le plus de matiere à leur inftruction, ont été fixés dans les places les plus voifines du féjour de leur famille, où loin d'acquérir de nouvelles connoiffances, plufieurs ont non-feulement perdu ce qu'ils avaient acquis précédemment, mais même ont contracté pour le fervice, le dégoût qui réfulte prefque néceffairement d'un long éloignement des objets qui y appartiennent.

M. de St. A. s'étend fur ces inconvéniens, depuis la page 67 jufqu'à la page 102 ; de maniere à faire croire que les abus qui naiffent d'un arrangement auffi vicieux, font dus à ceux qui ont propofé de détacher les Capitaines en fecond d'une maniere & dans les vues que je viens d'expofer.

M. de St. A. ne peut cependant pas ignorer ces vues; il peut encore moins ignorer que l'Ordonnance de 1774 & la répartition des Capitaines en fecond qui s'en eft fuivie, prouve que l'on a pris tous les moyens que laiffoit l'adminiftration actuelle pour obvier à la facilité pernicieufe des Bureaux d'alors, qu'on avait inutilement tenté de contenir; & que pour cela l'on a déterminé l'efpece des établiffemens qui recevraient des Capitaines en fecond, & le nombre qui y feroit employé.

Cette feule confidération aurait épargné à M. de St. A. cinq pages de raifonnemens, ou plutôt de déclamations, & m'auroit évité l'embarras néceffaire de ramener encore fur cet objet, fes Lecteurs à la vérité, par l'expofé que je viens de faire.

ARTICLE SIXIEME.

De l'affut de place, & à cette occafion, de quelques évenemens relatifs au fiege de Schvednitz.

Mes Lecteurs feront fans doute furpris, que dans un Chapitre que j'ai annoncé pour traiter *du perfonnel de l'Artillerie*, il foit queftion de l'affut de place. Ceux de M. de St. A. ont dû éprouver le même étonnement en le voyant traiter expreffément de cet affut dans l'article qu'il intitule: *queftions relatives à quelques objets de la conflitution*

du perfonnel de l'Artillerie, &c. Je ne fais donc à
cet égard que fuivre la marche de M. de St. A. On
ne tardera pas à voir que fi cet affut eft fort étran-
ger au *perfonnel de l'Artillerie*, il ne l'eft pas à un
autre *perfonnel*, moins générique, qui paraît occuper autant M. de St. A. que celui de l'Artillerie.
Commençons par ce qu'il dit de l'affut même.

M. de St. A. demande (page 110,) " fi l'affut que
» l'on a propofé pour la défenfe des places, a tous
» les avantages qu'on lui attribue.

Il répond lui même que « cet affut ne donnera
» jamais dans la pratique ce que l'on en promet;
» qu'il préfente une trop grande furface aux rico-
» chets, qu'il eft trop matériel & trop péfant pour
» être manœuvré, & changer de place facilement.

Des objections aufli peu détaillées ne méritent
pas des réponfes qui le foient beaucoup. Mais quelque abregées que je les faffe pour ne pas trop éloigner l'objet effentiel, auquel M. de St. A. eft preffé
d'arriver, je les fonderai cependant chacune fur
une raifon.

1°. Quant à la *trop grande furface préfentée aux
ricochets* : j'obferverai que la même hauteur de tra-
verfe qui fuffit pour couvrir, même foit imparfai-
tement, les Canoniers qui font de l'autre côté de
la piéce, couvre complettement & la piéce &
l'affut

2°. Quant à la *trop grande péfanteur* de cet affut,
à la manœuvre, j'obferverai qu'il n'a befoin que
d'environ la moitié des hommes néceffaires pour la
manœuvre de l'affut ordinaire.

Ces deux réponfes portent fur des faits trés-aifés
à conftater dans toutes les Ecoles d'Artillerie, &
qui par conféquent, doivent être encore parfaitement connus de M. de St. Auban.

Il ajoute « qu'on peut (d'après l'épreuve faite
» avec beaucoup de fuccès), fe fervir de toute efpece
» d'affuts pour tirer au deffus des parapets, en fai-
» fant à ces affuts quelques additions, qui n'en
» augmentent le poids que de tres-peu, & qui faci-
» literont leur manœuvre, lorfqu'il fera queftion
» de les déplacer & de les changer de pofition.

M. de S. A. comme on voit, ne nomme point
l'endroit où il prétend qu'on a *éprouvé avec beaucoup de fuccès*, qu'on pouvait employer *toute ef-
pèce d'affuts pour tirer au-deffus des parapets*, ce
qui eft la propriété effentielle de l'affut de place.

Tout ce que je puis dire fur cette affertion, c'eft
qu'elle eft bien contraire à ce que M. de Valliere
pere, dit dans le compte qu'il rend de cet affut à
M. d'Argenfon. Il convient lui-même de l'imper-
fection des moyens qu'il avoit employés, à la défenfe d'Aire & ailleurs, pour élever les piéces au-
deffus des parapets; & il regarde que l'affut dont
il eft queftion, remplit parfaitement cet objet.

Mais venons à l'endroit effentiel de cet article,
à ce qui a engagé M. de St. A. à le placer dans
le Chapitre du *perfonnel*.

En finiffant l'expofition des propriétés de l'affut
de place dans *l'Artillerie Nouvelle*, j'ai dit que depuis
l'approbation donnée à cet affut par M. de Valliere
le pere, M. de Gribeauval, dans la défenfe de
Schvednitz, avait eu l'occafion d'en faire un ufage
extrêmement utile, & de lui procurer par-là le fuffrage
le plus décifif pour les nouveautés de ce genre,
celui de l'expérience de la guerre. M. de St. A. en
prend occafion de cenfurer la maniere dont s'eft
faite cette défenfe. Sa cenfure porte principalement fur trois points.

Le premier, c'eft que les Mineurs Pruffiens *ont toujours confervé l'avantage du deffous du terrein.*

Le fecond, c'eft que les Mineurs Autrichiens *n'ont été occupés pendant un mois qu'à donner fucceffivement des camouflets qui n'ont pas empéché d'arriver fous la pauffade prête à fauter.*

Le troifieme enfin, c'eft que la capitulation a été néceffitée, parce qu'on avait fait la faute d'établir un magafin principal de poudres au Fort-Jauernik, fur le front attaqué, & que ces poudres, en fautant accidentellement, ont produit le double inconvénient, d'ouvrir cet ouvrage par la gorge, & de laiffer la place au dépourvu du moyen le plus néceffaire à fa défenfe.

M. de St. A. prétend que ces trois imputations uniquement dirigées contre M. de Gribeauval qui a préfidé à la défenfe de Schvednitz, font fondées fur la *relation* même de cette défenfe, *telle qu'elle a été envoyée à l'Impératrice Reine.* D'ailleurs il ne donne pas la plus légère indice qui explique à fes Lecteurs comment il a pu fe procurer une copie authentique, ou du moins une communication de cette prétendue *relation envoyée à l'Impératrice Reine.*

Sur ces imputations, comme fur toutes celles qui ont précédé ; apprenons la vérité aux Lecteurs de M. de St. A.

1°. Les Mineurs Pruffiens n'ont pas *toujours confervé l'avantage du deffous du terrein.* Ils n'ont eû cet avantage, ou du moins ils n'ont pu chercher à le difputer, que lorfqu'ils ont été à dix toifes de la place & cela parce que le Mineur affiégé combattait alors dans les galleries, que les Pruffiens eux-mêmes avaient faites, lorfque la place était en leur poffeffion. Ces galleries étaient peu enfoncées & par-là défectueufes ; mais il avait fallu les garder telles qu'elles étaient, & s'occuper de la prépara-tion de galleries plus avancées, lefquelles furent établies tellement à fleur-d'eau, que les Mineurs Pruffiens auraient inutilement tenté d'en gagner le deffous.

2°. Il eft très-vrai que les *Mineurs Autrichiens n'ont été généralement occupés pendant un mois qu'à donner fucceffivement des camouflets*. Mais comment M. de St. A. a-t il affez peu d'idée, je ne dis pas de la guerre des Mines, mais même de la guerre de fiége, pour blâmer cette conduite ? Ignore-t-il que l'objet capital du Mineur qui défend, eft de ménager fon terrein, d'éviter de fournir à l'ennemi de grands entonnoirs où il fe loge, & des terres re-muées où il marche à grands pas ? Ignore-t-il que par ces raifons le Mineur affiégé, en cela l'oppofé du Mineur affiégeant, doit toujours agir avec le moins de poudre, fe borner, autant qu'il eft pof-fible, à ne donner que des *camouflets* ? M. de St. A. en publiant lui-même l'*Etat de fes Services*, a fait voir qu'il a affifté à plus de fiéges qu'il ne faut, pour apprendre ces premiers élémens de la guerre fouter-raine, connus de M. *Prudhome* même. Mais com-ment fe fait-il qu'il les ait fi complettement ou-bliés, dans une occafion où il lui importait tant de fe les rappeller, pour en tirer des critiques fon-dées ? Comment dans l'idée du befoin qu'il aurait inceffamment de ce genre de connaiffances, ne s'y eft-il pas remis au moins, lorfque chargé en 1772 des ordres de M. de Monteynard pour détruire l'E-cole des Mineurs, il a fait l'infpection des Etudes & des travaux de cette Ecole ?

3°. Il eſt de toute fauſleté que les Mineuts Pruſſiens ſoient arrivés ſous la paliſſade du chemin couvert prete à ſauter. Non-ſeulement ils n'avaient au-
cuns travaux, ſous cette paliſſade ; mais ils n'avaient
pas encore emporté la Lunette qui était en avant.

4°. Il eſt également de toute fauſleté que le Ma-
gaſin à poudre du Fort Jauernik, ait été un Maga-
ſin principal, comme le fait entendre M. de St. A.
il n'était qu'un dépôt particulier fait dans une caſe-
mate, pour l'uſage journalier de ce Fort & des
pièces attenantes.

5°. Il eſt de même contraire à toute vérité que
la gorge du Fort Jauernik, ouverte par l'accident
de ce dépôt, ait été cauſe de la reddition de la
Place, comme le prétend M. de St. A. cette gorge
était parfaitement rétablie quand on a capitulé.

6°. Ce n'eſt point non plus le manque de poudre
qui a forcé à capituler, puiſqu'on a remis aux
Pruſſiens des Mines toutes chargées, & une quantité de poudre conſidérable.

Mais c'eſt le manque de vivres qui a néceſſité cette
capitulation, que ſans cette circonſtance, on devait
eſpérer de différer encore de quelque tems, ſi du
moins l'on en juge par les reſſources que l'art des
Mines, ſi méconnu de M. de S. A., pouvait encore offrir, puiſque ces reſſources ſont d'autant
plus grandes que l'ennemi eſt plus près du Corps
de place, & qu'employées juſques-là ſeulement à
l'en écarter, elles l'avaient tenu pendant ſept ſe-
maines, ſur trente toiſes de terrein.

Content de juſtifier la défenſe & le défenſeur de
Schvednitz ſur les principales imputations haſar-
dées par M. de St. A. d'après ſa prétendue Relation
envoyée à l'Impératrice-Reine, je ne m'étendrai pas

davantage fur les détails de cette défenfe, celle de
ce fiecle fans contredit où l'art des Mines & de la
Fortification en terre fe foit montré avec le plus
d'avantages. Ce ferait m'expofer à déplaire également, & à M. de St. A., & à celui dont il cherche
à déprifer la gloire. D'ailleurs, il eft tems de fonger
à ma défenfe perfonnelle.

*RÉPONSE aux imputations de M. de St. Auban,
relatives à ma Perfonne ou à mes Ouvrages. Éclair-
ciffamens à ce fujet fur l'affaire des armes réformées
& fur le procès-verbal récemment arrivé de Pon-
dicheri.*

Du Perfonnel de l'Artillerie, de celui du Défenfeur de Schvednitz, annoncer que je paffe au mien,
c'eft prévenir mes Lecteurs, je le fens bien, que
je vais les occuper du fujet le moins intéreffant que
je puiffe préfenter à leur attention; c'eft les avertir
d'être attentifs au ridicule dans lequel il eft fi facile
de tomber, quand on eft obligé de parler de foi-
même.

M. de St. A. attaque à la fois mes fentimens, ma
conduite & mes ouvrages. Je puis facilemeut abandonner mes ouvrages, ils font fous les yeux du Public, c'eft à lui à prononcer entr'eux & ceux de M.
de St. A., ou du moins à apprécier les critiques
qu'il y oppofe.

Quant à mes fentimens & mes actions, nul homme honnête ne peut les abandonner à fes détrac-
teurs. Mais fur cet article, comme fur l'autre, ma
défenfe fera courte.

Je commencerai par celle de mes ouvrages
comme ayant une liaifon plus directe, avec ce dont
tout Lecteur a prétendu s'occuper principalement,
en fuivant cette difcuffion.

Ce que j'ai été dans le cas de rapporter de celui
de M. de St. A., eſt plus que ſuffiſant, je penſe,
pour donner une idée de la juſteſſe des raiſonnemens, & ſur tout de la fidelité des citations, par
leſquelles il prétend appuyer ſes critiques. Il me
ſuffira d'ajouter ici, que les ouvrages qui en ſont
l'objet, & ſingulierement ceux qui tiennent à la défenſe du Nouveau Syſtême d'Artillerie, étant devenus très-rares, moins par l'empreſſement, dont,
par les circonſtances, le Public militaire a pû les ho-
norer, que par l'attention que les adverſaires de
ce Syſtême ont eue d'en faire ſaiſir le plus d'exemplaires qu'ils ont pu, la vérification des citations
qu'en fait M. de St. A. préſentera quelques difficultés.

C'eſt dans cette confiance ſans doute, que les
caractériſant fréquemment de *Libelles*, il aſſure
que mon grand objet en les écrivant, a été de me
faire un nom aux dépens de tout ce qui jouit de
quelque célébrité. Idée qu'il a prétendu rendre en
m'appliquant page 128 la deviſe latine : *Vult ma-*
gnis clareſcere inimicitiis.

M. de St. A. ſe mettant lui-même au nombre des
Grands-hommes, aux dépens de qui il prétend que
je veux m'illuſtrer, il conviendrait que ce fut par
lui que je commençaſſe à me diſculper. Mais ſa
modeſtie rend ma défenſe ſi embarraſſante avec lui
que je me vois forcé d'y renoncer, & de lui demander grace.

Quant à ce qui concerne Mrs. de Saxe, de Valliere, du Pujet, Folard, Menil-Durand, Mezeroi,
Buffon & Montbeillard, dont j'ai quelque fois oſé
combattre les opinions, il me ſera plus aiſé de
m'expliquer. Commençons par M. de Saxe.

J'ai dit dans *l'Artillerie Nouvelle* en répondant
à l'appui que M. du Pujet prétend tirer, de l'autorité de cet Illuſtre Général pour blâmer l'allégement de l'Artillerie, que cette autorité, dont d'ailleurs il ne donne aucune preuve, ne conclurait pas
plus à cet égard que pour l'adoption de ces boucliers
de cuir que M. de Saxe propoſe auſſi de donner à
l'Infanterie.

Je demande ſi il y a rien là d'outrageant pour
M. de Saxe ?

J'ai eu occaſion de dire depuis en examinant la
diſcuſſion de *l'Ordre Mince & de l'ordre profond*, que
cette même autorité de M. de Saxe, dont Mrs.
de Mezeroi, & de Menil-Durand ont également
cherché à ſe prévaloir, n'eſt pas plus déciſive en faveur de *l'ordre profond*, qu'elle ne l'eſt pour établir
qu'un équipage d'Artillerie de campagne doit avoir
cinquante pièces de canon *de 16*; ou pour prouver
que ce canon *a autant d'effet que celui de 24 pour
battre en brêche*; ou que le canon de campagne *doit
être attellé avec des bœufs &c.*

C'eſt encore au Lecteur à juger ſi on ne peut
encore combattre ces opinions de M. de Saxe,
ſans lui manquer de reſpect ?

Quant à ce qui regarde M. de Valliere pere,
M. de St. A. prétend, pages 6, 7, 8, 122, 124,
125, 162, que j'ai inſulté *ſon nom & ſa mémoire*;
parce que j'ai rélévé les erreurs de phyſique, de
mécanique, de géometrie, & même d'arithmétique,
qui fourmillent dans un *traité de la défenſe des
places par les contremines*, qu'en 1768, on a publié ſous ſon nom, ainſi que dans la critique du
Nouveau Syſtême d'Artillerie, qui ſe trouve à la
ſuite de ce Traité, & qui, ſous un déguiſement
groſſier, en forme le principal objet.

Je ne puis répéter aujourd'hui à M. de St. A.
que ce qu'en 1772, j'ai répondu à M. de Monrey-
nard, lorsqu'il voulut à ce sujet me faire un crime,
auprès de ce Ministre, & l'engager par-là à m'ô-
ter la compagnie d'Ouvriers que je venois de
recevoir.

J'ai d'abord demandé la preuve que cet ouvrage
fut de M. de Valliere.

M. de St. A. n'en a alors offert, & n'en offre
aujourd'hui d'autre que celle que *MM. ses Fils
héritiers de sa gloire, n'ont pas réclamé contre sa
publication.*

Mais la non-réclamation des héritiers du Cardinal de Richelieu, de ceux du Cardinal Alberoni,
de ceux du Maréchal de Belle-Isle, & de tant d'autres *héritiers de la gloire* des hommes célèbres, tous
les noms de qui des Ecrivains ignorans & affamés,
ont publié des ouvrages absurdes, cette non-recla-
mation prouve-t-elle, ainsi que je l'ai dit alors,
que ces ouvrages doivent leur être attribués.

J'ai demandé en outre que M. de St. A. citât
un seul endroit *de mes observations*, où j'aie manqué de distinguer M. de Valliere de l'ignorant qui
le faisait parler, où je n'aie pas joint au nom de
M. de Valliere une expression de respect qui le
distinguât de cet ignorant.

Enfin j'ai demandé, ce qui est l'essentiel; que M.
de St. A. fit voir que je m'étais trompé sur une seule
des erreurs que j'avois relevées dans cette preten-
due production de M. de Valliere; cette discussion
étant d'autant plus facile, que plusieurs de mes critiques, portant sur des objets de géometrie ou
d'arithmetique, les erreurs en ce genre une fois
découvertes, ne laissent point de prise à la récla-
mation.

M. de St. A. n'a sûrement pas oublié la lettre qu'à ce sujet, j'ai eu l'honneur d'écrire à Monsieur de Monteynard, & sur laquelle ce Ministre a terminé le procès qu'il m'avait intenté auprès de lui. Il n'a pas oublié non plus, ce qu'à ce sujet, j'ai dit dans l'avant-propos *de l'Artillerie Nouvelle* que j'ai publié dans le même temps. Mais comme la lettre dont je parle est connue de peu de personnes, & qu'il a fait saisir une grande partie des deux éditions *de l'Artillerie Nouvelle*; il croit pouvoir revenir sur ses accusations, comme si je n'y avais jamais répondu.

Pour M. du Pujet, j'avoue que d'après l'incognito qu'il avoit jugé à propos de garder en publiant son *Essai sur l'Artillerie*, & celui qu'à son exemple je gardai moi-même en publiant *l'Artillerie Nouvelle*, je me suis donné quelques libertés dans les critiques que j'ai faites de cet *Essai*. Mais ces libertés ne sont jamais tombées que sur les ménagements qu'à raison de l'infériorité d'âge & de grade, j'aurais été obligé de garder avec M. du Pujet, s'il s'était nommé. les contradictions perpétuelles où il tombe dans ses *maximes*, en réduisant d'une part à 200 toises la portée utile, celle où les coups de canons *commencent à devenir certains*, & en exaltant de l'autre l'avantage des pièces longues pour la supériorité de portée; les raisonnemens qu'il fait pour prouver que *les boulets font généralement plus de mal que les coups tirés à mitrailles, ou à cartouches*; & que parmi les différentes espèces de cartouches, les meilleures sont celles qui sont faites de balles à fusil *renfermées dans des sacs de toile légère*. Sa proposition de *tirer à ricochet en bataille*; celle *de prendre les ennemis en*

flanc , de revers , & au moins d'écharpe, comme
dans un fiege ; celle de n'employer pour les gar-
gouilles que *des facs de papier fans colle* , afin d'é-
conomifer les Finances de l'Etat , & même d'apporter comme autrefois les boulets & les tonnes de
poudre fur le champ de bataille , pour y puifer ,
au danger de mille accidens ; celle de ne pas ha-
bituer le Fantaffin à *tirer dans les actions de guerre
avec des coups tout faits* ; fes préceptes *pour ne
laiffer aucune partie de fon canon inutile*; pour
ne pas *prodiguer fes munitions un jour d'affaire,
à plus forte raifon la veille, fi l'on n'eft à portée
de les remplacer à mefure* ; fes tables calculées qu'il
veut faire *apprendre aux Officiers* & même *aux
Canoniers* pour s'en fervir à pointer géométrique-
ment le canon en bataille; fes recherches dans les
anciens Auteurs fur les hauffes *de terre graffe & de
petits bouts de bougie* ; j'avoue qu'après avoir épuifé
les raifonnemens fur celles de ces idées , qui méri-
taient qu'on les combattît férieufement , je me fuis
quelquefois livré fur les autres à des plaifanteries ,
qui s'écartaient un peu des égards que je devais
à un Officier fupérieur , comme M. du Pujet. Mais
n'ayant pris encore une fois ces libertés qu'à la
faveur de l'incognito, *qu'à fon exemple* j'avais
gardé , je ne vois pas que j'aie en cela violé , ni la
vérité , ni le droit des gens , ni même les bienféan-
ces, comme le prétend M. de St. A.

Les torts dont il m'accufe envers Folard & fes
difciples , Mrs. de Menil - Durand & de Mezeroi
font encore moins réels. Il eft vrai que j'ai dit
dans l'*Artillerie nouvelle* , en parlant du canon , que
Folard & ceux qui , depuis trente ans , *reffaffaient
fes idées* , n'avaient pas affez pris garde à l'extrême
différence

différence que les armes à feu mettaient nécessairement entre la tactique ancienne & la tactique
moderne; mais n'ayant point appliqué cette expreſſion nommément à Mrs. de Menil-Durand & de
Mezeroi, la querelle que veut me faire M. de St.
A. à ce ſujet, eſt auſſi mal fondée qu'elle eſt pué-
rile. Le grand point ſur cet objet, c'eſt de ſavoir
ſi les raiſons que j'ai alors & depuis oppoſées à
celles de ces tacticiens, pour attaquer tout ordre
profond en général, ſont juſtes. Mais M. de St.
A. eſt bien loin d'entrer dans cette diſcuſſion.

Paſſons à Mrs. de Buffon & de Montbeillard.

J'ai eu l'année derniere, avec ces Meſſieurs,
ſur les boulets tournés, une diſcuſſion dont j'ai
rappellé le fonds dans le cours de cet ouvrage.
Je crois pouvoir en appeller au témoignage de
tous ceux qui ont ſuivi cette diſcuſſion, ſur le ton
d'égards & de ménagement qui y a regné de ma
part, ainſi que dans l'examen que quelques tems
après, j'ai fait particuliérement de la doctrine de
M. de Buffon ſur le fer.

M. de St. A. prétend que dans ces deux diſcuſſions, j'ai encore manqué à Mrs. de Buffon & de
Montbeillard, apparemment que ſelon lui, on manque néceſſairement à quelqu'un, quand on n'eſt
pas de même avis.

Enfin M. de St. A. veut me faire un crime d'avoir
oſé parer le Nouveau Syſtème d'Artillerie *du ſuf-
frage* que S. A. S. Mgr. le Prince de Condé a bien
voulu lui accorder l'année derniere, en annonçant
dans l'Arſenal de Straſbourg qu'il avait été abuſé
juſques-là, ſur les nouvelles conſtructions. M. de
St A. me demande ſi pour cela j'ai obtenu *la per-
miſſion de S. A. S.*

L

Le Lecteur n'a pas besoin de mes réflexions, pour apprecier ces acculations par lesquelles M. de St. A. sans entrer dans le fonds des questions que j'ai traitées dans les différents ouvrages que j'ai publiés, cherche à rendre mes intentions odieuses. Il est tems de passer à ce qui me regarde personnellement.

Sur ce que j'ai dit que l'année 1771 est l'époque de la culbute de l'Artillerie, M. de St. A. m'accuse d'ingratitude envers M. de Monteynard, qui, dit-il (page 135) *m'a avancé prematurement & de préférence à plusieurs de mes anciens, sur les avantages que j'avais annoncés que le Gouvernement pourrait retirer des Mines de la Corse; avantages*, ajoute-t il, *qui n'ont pas eu lieu*.

1°. Ou M. de St. A. est bien mal instruit ; ou sur ce sujet, ainsi qu'on l'a vu sur tant d'autres beaucoup plus importants, il renonce volontairement à profiter de ses lumieres.

L'avancement que j'ai reçu de M. de Monteynard *prematurement à mes anciens*, n'a point été dû aux avantages que j'avais annoncés qu'on devait retirer *des Mines de Corse* ; mais à la nécessité où l'on croyait être, & à l'embarras qu'on éprouvait de n'employer que des bois de cette isle pour monter l'Artillerie qu'on destinait à l'approvisionnement de cette Isle. Cet embarras, annoncé comme insoluble, par ceux à qui M. de Monteynard s'adressa, & à qui il devait s'adresser, m'a valu cet *avancement prématuré*, que j'ose dire avoir justifié par les fatigues, les maladies & les dangers que j'ai essuyés pour remplir la commission qui en avait été le principal objet.

Il est vrai qu'à cette commission M. de Montey-

nard avait joint celle de me chargër de la vifite des
Mines & des recherches que la Corfe offrait en
général à la métallurgie, & que ces recherches n'ont
point eu de fuites. Mais les perfonnes inftruites de
ce qui s'eft paffé relativement à la Corfe à cette
époque, favent que le feul manque de fonds dans
les mains de ce Miniftre a été la caufé de cet abandon, ainfi que de celui des projets de fa'ines &
de deffechement que je lui avais préfentés fur la
même Ifle, & dont il m'avait encore confie l'exécution.

Voilà la vérité fur cet *avancement prématuré* dont
M. de St. A. dénature l'objet, à la page 125 & à
la page 135, où il me le reproche dans les termes
les plus durs, & en même tems les plus propres à
animer contre moi des réclamations auxquelles il
a cherché inutilement jufqu'ici à donner quelque
poids auprès de M. de Monteynard, & des Miniftres qui lui ont fuccédé. J'ofe efpérer grace à cet
égard, au moins auprès des Lecteurs de M. de St. A.
qui favent *que la préférence prématurée* que pour
me fervir de fes expreffions, il a fu *obtenir au pre-
judice de fes anciens, gens de mérite & de talens
bien reconnus*, eft due à une charge vénale.

Mais c'eft trop occuper le Lecteur de ce qui concerne la perfonne de M. de St. A. & la mienne;
paffons à un autre reproche que me fait M de St.
A., & où du moins mon intérêt particulier fe trouve
mêlé avec cekui de deux infortunés, que malgré
même le jugement qui les condamne, il eft au
moins permis de préfumer innocens; puifqu'indépendamment du fuffrage public qu'ils n'ont jamais
perdu, l'admiffion de leurs Requêtes en caffation,
au Confeil du Roi, leur forme un titre régulier

de cette préfomption. On voit qu'il s'agit de la réforme des armes, & de l'affaire intentée à ce sujet à MM. de Bellegarde & de Montieu.

M. de St. A. prétend me faire un crime(page 170) de ce que j'ai dit dit dans l'*Artillerie Nouvelle* à l'avantage de cette réforme, en parlant du peu de cas que M. de Saxe faifait du feu qui s'exécutait avec les armes de fon tems. Il renvoie fes Lecteurs à ce fujet, *à la lecture* d'un Mémoire que, fous le titre de *Confidérations*, &c. il a répandu l'année derniere dans le Public ; & à celle d'une feuille volante, que fous le numéro 89, il a fait inférer à l'endroit de fon ouvrage où il me fait cette querelle.

Ce n'eft pas ici le lieu de relever les fauffetés, les inconféquences contenues dans les *Confidérations*. On a affez démontré la chimere de cette prétendue affimilation ou tranfmutation des armes réformées, en armes du nouveau modele, laquelle forme le grief principal imputé aux accufés. On a affez prouvé qu'en reconnoiffant poffible cette tranfmutation, déclarée impoffible par toutes les perfonnes qui ont la moindre connaiffance des armes & notamment par les deux Jurés & les douze principaux Armuriers de Paris, elle ne pouvait être imputée, du moins quant à l'exécution, à MM. de Bellegarde & de Montieu, qui ont à peine paru quelques momens à la Manufacture de St. Etienne, depuis le commencement de la réforme; mais aux perfonnes qui, pendant leur abfence, rempliffaient leurs fonctions.

On a affez fait voir de même, quant au nombre & à l'efpece des armes qui ont été réformées, & quant au prix qu'elles ont été eftimées, que tout cela s'étant fait avec le suffrage constant du Ministre, qui avait ordonné cette réforme, & qui en avait approuvé les comptes progressifs, à mesure qu'il les recevait, M. de Bellegarde, non-seulement ne pouvait être coupable; mais même ne pouvait pas plus être acculé que ne l'ont été ses coopérateurs, dont, par la maniere de procéder la plus étonnante, on a à cet égard si bien distingué la cause de la sienne, qu'ils n'ont pas même été appellés pour être entendus.

Enfin on a suffisamment exposé la foule d'irrégularités, de vexations, de supercherie de tout genre qu'il a fallu rassembler pour amener les Juges à prononcer une condamnation qui se trouvait dictée d'avance dans l'ordre qui les instituait.

Ce n'est pas la peine de revenir sur tous ces objets exposés avec un détail plus que suffisant dans les Mémoires de Mrs. de Bellegarde & de Montieu, ni de relever les erreurs, les infidélités sans nombre où s'est jettée l'Auteur de ces *Considérations*, &c. dont M. de St. A. prétend se faire un appui pour animer les Lecteurs contre l'opinion que j'ai annoncé, sur la réforme des armes.

Mais pour le maintien de cette opinion, & surtout pour fournir de nouvelles armes à ceux qui ont été, & qui sont encore si cruellement victimes de la prévention où les Juges ont été entraînés, je crois devoir éclairer le Public sur l'épreuve des fusils de Pondichery, qui fait le sujet de la feuille volante insérée entre la page 170 & 171 de l'ouvrage de M. de St. A.

Cette épreuve, ainsi que le Procès-verbal, qui en a été adressé au Ministre de la Marine, sont annoncés dans cette feuille, comme ayant eu pour objet de *vieux canons* provenans de la réforme des armes, lesquels, pour être adoptés au nouveau modele, avaient *été recoupés ; ce qui a été prouvé,* ajoute la feuille, *parce que tous avaient sept à huit marques différentes, & que plusieurs étaient crevés par des gerçures , & des fractures, horizontales & transversales.*

Ces vices & ces défauts ayant été bien averés & reconnus, poursuit toujours la feuille, *M. de Richeville , Commandant de l'Artillerie, a demandé de les faire éprouver. L'épreuve a été faite par le Maître Armurier, en présence de Mrs. le Gouverneur, l'Intendant, le Commissaire & quatre Officiers d'Artillerie, & sur cent fusils pris au hazard , dix-sept ont crevé.*

La feuille ne dit rien sur la nature *des sept à huit marques différentes* que portent ces canons. Elle ne dit pas que la plus apparente de ces marques, mises depuis sous les yeux du Ministre de la Marine, à qui M. de Richeville a adressé ces canons , que la feule marque même qui subsiste en entier, est celle appellée *de commerce,* laquelle annonce que le canon qui la porte, ayant succombé aux différentes épreuves , auxquelles sont soumis les canons destinés pour les fournitures du Roi , a été remis au fabricant pour son compte, & employé par ce fabricant pour des fournitures particulieres qu'il n'a évidemment pas cherché à confondre avec les fournitures du Roi , puisque cette marque de commerce les exclut de ces fournitures, & que placée au-dessus du tonnerre , elle se trouve à l'endroit le plus apparent du canon.

Une autre chose encore que la feuille ne dit pas, & que le Procès-verbal explique , c'est que M. de

Richeville a fait éprouver ces canons, à une charge de poudre égale au poids de la balle; épreuve ordonnée à la vérité dans les manufactures pour les canons neufs, mais qu'on ne fait jamais essuyer de nouveau à des canons, sur tout lorsqu'après cette première épreuve, comme les marques de ces canons l'annoncent, ils en ont subi deux autres, à moindre charge.

C'est par ces éclaircissemens sur un fait aussi important à l'innocence de deux opprimés, & aussi considérablement altéré par M. de St. A., que je terminerai l'examen de son ouvrage. Je crois n'y avoir laissé rien qui méritât d'être relevé. C'est cependant, ainsi que je l'ai déja dit, ce que je n'oserais garantir, vu l'extrême confusion qui y regne, les redites, les contradictions sans nombre, qui, ainsi que le Lecteur a pu voir, ajoutent à cette confusion au point d'en faire souvent un cahos indébrouillable.

Puisse cette nouvelle discussion, où enfin l'on peut dire que chacun des contendans a combattu avec tous ses moyens, achever d'éclairer les esprits, & amener dans le Corps de l'Artillerie, cette tranquilité, cette confiance dans ses armes, qui, ainsi qu'on doit sans cesse le répéter, ne peut jamais être le fruit de l'autorité, mais uniquement des lumieres & de la persuasion.

F I N.

FIN DE LA TABLE.

www.ingramcontent.com/pod-product-compliance
Lightning Source LLC
Chambersburg PA
CBHW060553210326
41519CB00014B/3464